运城市高素质农民培育系列丛书

运城市 | 农业实用技术

田敬园　段军　吕莉　主编

U0306513

中国农业科学技术出版社

图书在版编目（CIP）数据

运城市农业实用技术 / 田敬园，段军，吕莉主编. --北京：中国农业科学技术出版社，2022. 8
　　ISBN 978-7-5116-5844-9

　　Ⅰ.①运… Ⅱ.①田… ②段… ③吕… Ⅲ.①农业技术－农民教育－教材　Ⅳ.①S

中国版本图书馆CIP数据核字（2022）第 131336 号

责任编辑	姚　欢　施睿佳
责任校对	李向荣
责任印制	姜义伟　王思文

出 版 者	中国农业科学技术出版社
	北京市中关村南大街 12 号　　邮编：100081
电　　话	（010）82106631（编辑室）　　（010）82109702（发行部）
	（010）82109709（读者服务部）
网　　址	http://www.castp.cn
经 销 者	各地新华书店
印 刷 者	北京地大彩印有限公司
开　　本	170 mm×240 mm　1/16
印　　张	14.75
字　　数	240 千字
版　　次	2022 年 8 月第 1 版　　2022 年 8 月第 1 次印刷
定　　价	52.00 元

《运城市农业实用技术》

编 委 会

前　言

　　为全面贯彻党的十九大和十九届历次全会精神，落实中央农村工作会议、中央人才工作会议和全国农业农村厅局长会议部署要求，扎实有序推进农民教育培训工作，有效提高农民科技文化素质，普及与推广新的农作物生产技术，培养一支高素质农民队伍，促进乡村人才振兴和农业农村现代化建设，编者结合高素质农民培育工作的实际需求，组织农业专家编写了《运城市农业实用技术》，作为运城市农民教育培训教材。

　　本书既吸取了当前主要农作物科研最新成果，又介绍了有关实用技术和生产经验，对于新技术引进推广，指导农民发展现代农业生产，提高农民科技文化素质和致富本领，以及促进农业和农村经济更快更好发展，具有较大的推动作用。全书立足理论指导实践，集理论性、实践性、指导性为一体，旨在为广大基层农业科技工作者和直接从事农业生产的广大农民提供一本通俗易懂、易应用、便于操作的农作物生产科学知识和技术指导用书。

　　由于编写时间仓促，书中难免有疏漏之处，敬请读者批评指正。

编　者

2022年5月

目　录

第一篇

运城市农作物栽培管理技术

第一章　小麦高产栽培管理技术

一、选择优种

小麦优种应具备高产、稳产、优质、抗逆、适应性强的特点。因此，在选种问题上一定要因地制宜，要根据土壤特点确定小麦品种，为小麦高产打好基础。

二、种子处理

随着全球气候变暖，农业病虫为害日趋加重，所以播种前必须对种子进行处理，以保证种子营养充足，出苗整齐、苗全、苗壮、根系发达、分蘖壮实。

（一）精选种子

通过机械筛选粒大饱满、整齐一致、无病无杂质的种子，同时要进行发芽试验，为确定播种量提供依据。

（二）药剂拌种

选择合适的农药进行种子包衣或拌种，防治土传、种传病害，以及苗期锈病、纹枯病、白粉病、黑穗病、全蚀病、根腐病、麦红蜘蛛、小麦蚜虫以及地下害虫。

可采用60%吡虫啉悬浮种衣剂（高巧）30毫升+6%戊唑醇悬浮种衣剂10毫升或2.5%咯菌腈悬浮剂20毫升，加水0.3~0.4千克，拌种15~20千克，待表面水分晾干后即可播种。

地下害虫、小麦吸浆虫重发区，每亩（1亩≈667米^2）可用40%辛硫磷乳油250毫升，加水1~2千克，拌细土25千克制成毒土；或用3%辛硫磷颗粒剂

2.5 ~ 3千克，拌细土15 ~ 20千克，犁地前均匀撒施地面，随犁翻入土中。

三、适时播种

（一）精细整地

精细整地能够创造一个良好的土壤环境，是保证全苗和培育壮苗的基本措施，其标准是：土地平整，松紧适度，没有明暗坷垃，上虚下实。回茬麦田的前茬作物收获、深耕（或深松）、整地、施肥播种等要在较短时间内完成，前茬作物收获前1周或收获后及时浇好底墒水，旋耕后的麦田要反复耙糖，否则容易形成悬籽，出苗不好，造成缺苗断垄，即使勉强出苗也会形成悬苗、悬根，造成冬季弱苗、死苗。如遇雨水多，休闲麦田杂草多，秋作物收获有所延迟，应抓紧时间收获，收后进行深耕灭草，玉米秸秆还田后，要求旋耕两次以上。

（二）适时晚播

过早播种，温度高，一是出苗后易受各种病虫为害，形成病苗和缺苗断垄；二是植株生长迅速，常常导致冬前旺苗，越冬易受冻害。过晚播种，一是由于气温低使出苗迟缓，幼苗在土中时间长，养分消耗多，常导致出苗率低，出苗不整齐和苗弱；二是不利于冬前分蘖，蘖少而小，次生根生长不良，有机养分积累少，易受冻害；三是冬前大蘖少，穗分化开始晚，时间短，抽穗开花迟，灌浆遇高温，导致亩穗数少、穗粒数减少、千粒重也不高的低产局面。所以，必须适时播种，冬性品种在日平均气温16 ~ 18℃，半冬性品种在日平均气温14 ~ 16℃开播为宜。洪积扇缘区、姚暹渠片应在10月1—10日播种；涑水河流域应在10月5—15日播种，争取赶在10月20日前播完；台垣丘陵区应在9月25日—10月5日播种。

（三）机播

机播能深浅一致，下籽均匀。播深3 ~ 5厘米，平均行距20 ~ 23厘米。播量一般每亩10 ~ 15千克。秸秆还田的地块，应适当增加播量。推迟播种的地，应酌情增加播量，一般每推迟1天每亩增加播量0.25 ~ 0.5千克。

（四）科学施肥

小麦的施肥技术应包括施肥量、施肥时期和施肥方法。

第一章 小麦高产栽培管理技术

据研究，每生产100千克小麦籽粒，需要从土壤中吸收纯氮3.1千克、五氧化二磷1.1千克、氧化钾3.2千克。

施肥量要根据目标产量，结合当地测土化验土壤养分含量，计算出需要补给氮、磷、钾的量。一般高产田：亩施有机肥2 000千克，纯氮12～15千克，磷9～11千克，钾2.5～5.0千克，硫酸锌1～2千克。中产田：亩施有机肥1 500千克，纯氮8～11千克，磷7～9千克，钾2～3千克，硫酸锌1～2千克。

施用时期和方法：施肥时期应根据小麦的需肥动态和肥效时期来确定，一般小麦生长期较长，播种前一次性施肥的水地麦田极易出现前期生长过旺而后期脱肥的现象，应采取施基肥和追肥相结合的施肥方式，高产田适当推迟追氮时期，对提高粒重和蛋白质含量的效果较好。因此，水地施肥上有机肥、磷、钾、锌肥一般全作底肥一次性施入（磷肥和锌肥不能混合使用）；高产田氮肥50%底施，50%在拔节期至旗叶露尖时追施；中产田氮肥70%底施，30%在返青期至起身期追施。旱地施肥上一般所有肥料作为基肥一次放入。

四、小麦田间管理

小麦不同生育时期中的田间管理任务：一是通过肥水措施实现小麦对肥水等自然条件的要求，保证植株的良好生长发育；二是通过合理保护性措施防御（治）病虫害和各种自然灾害，保证小麦的正常生长；三是通过合理的促控措施使个体与群体协调生长，实现栽培目标。

（一）冬前及越冬期管理

出苗至越冬阶段调控目标是在保证全苗的基础上，促苗早发，促根壮蘖，安全越冬，达到冬前壮苗指标，即单株同伸关系正常，叶色适度，主茎5～7片叶，分蘖3～8个，次生根10条左右，冬前群体70万～90万株/亩。

1. 及早查苗、补苗

消灭断垄，保证苗全；消灭疙瘩苗，保证苗匀，有利苗壮。

2. 浇好冬水

冬浇掌握在日平均气温在5℃，夜冻昼消水分得以下渗时进行；秸秆还田地块适当提前，同时应结合浇水，亩追尿素5～7千克，以保证麦苗安全越冬。

3. 耙压保墒防寒

在入冬停止生长前及时进行耙压，以利安全越冬；水浇地如有地面裂缝造成失墒严重时适时锄地或耙压。

4. 中耕、破板、除草、治虫

小麦生长进入分蘖后，可能因为降水、冬浇、冬暖造成麦田板结、草害虫害严重，应及时进行中耕、破板、除草、治虫。

（二）春季管理

春季管理主要包括返青起身、拔节，到抽穗前。调控目标是根据苗情类型适时、适量地运用肥水管理措施，协调地上部与地下部、营养器官与生殖器官、群体与个体的生长关系，促进分蘖两极分化，创造合理群体结构，秆壮、穗齐、穗大，为后期生长奠定良好基础。

1. 小麦春季管理是争取穗大粒多的关键

小麦开始返青，要及早顶凌耙麦，起到松土增温和保墒的作用，促进小麦早返青，对于旺长麦田要进行重耙清棵，或深中耕控旺。对于壮苗麦田及早中耕促进增温、保墒、促蘖增穗。

2. 小麦起身拔节期后根据麦田生长情况决定浇水追肥

3月中下旬要浇好拔节水，旺长麦田要适当推迟浇水，待第一节间已固定，两极分化盛期后再追肥。三类麦田应提前浇水。结合浇水，高产田亩追纯氮6千克；中产田亩追纯氮3千克；三类麦田亩追纯氮5千克。

（三）后期管理

后期管理主要包括抽穗开花到灌浆成熟。调控目标是保持根系活力。延长叶片功能期，抗灾防病虫，防止早衰与贪青晚熟，促进光合产物向籽粒运转，争取提高粒重。主要任务是二保和二防：保根、保叶，防止早衰，促进有机养料的制造积累，达到粒多、粒饱、粒重；防治病虫害和防止倒伏。

1. 浇好灌浆水

小麦抽穗扬花后，就进入灌浆期，此时，温度升高，蒸腾增大，根系吸收水分增多，所以灌浆水要浇足浇饱，以满足小麦灌浆期对水分的需要。但浇水要谨防小麦倒伏，群体过大不浇，风速过大不浇，等风过后再浇。

第一章 小麦高产栽培管理技术

2. 适时进行三喷，可以增粒重并预防干热风

小麦产量近2/3来自灌浆期光合产物积累。灌浆期是小麦产量形成的最重要时期，也是防早衰、增粒重的关键时期。因此，在前中期施肥的基础上，对抽穗到乳熟期叶色转淡，有脱肥趋势的麦田，可亩用1%～1.5%的尿素溶液、1%～3%的过磷酸钙溶液或0.2%～0.3%的磷酸二氢钾溶液40～50千克叶面喷施，以发挥防脱肥、抗干热风的效果。尤其是在开花以后喷1～2次磷酸二氢钾溶液，可加速小麦后期的生长发育，对提高粒重的作用非常明显。一般可增产10%左右。叶面喷肥可以与喷杀虫剂、杀菌剂等农药结合，做到一喷多效，一喷综防。

3. 及时收获

适时收获可避免小麦断穗落粒、穗发芽、霉变等损失，应在蜡熟末期进行收获为宜。

第二章　玉米高产栽培管理技术

一、选用优良品种

玉米要高产，选用优良品种是关键。一是要选择通过审定的品种；二是注意查看种子的4项指标（纯度、出芽率、净度、水分）是否符合国家标准，国家大田用种的种子标准是：纯度不小于96%、芽率不小于85%、净度不小于99%、水分不大于13%。

二、整地播种

（一）播期

一般在土壤表层5~10厘米、地温稳定通过10℃以上时播种。春播玉米一般在4月上旬至5月中旬；复播玉米要在小麦收获后抓紧时间灌足底墒水，足墒播种。玉米播种出苗过程中，若遇极端天气条件、病虫害及其他因素影响保苗，田间植株密度低于预期密度的60%时，可考虑重播、毁种或补种。

（二）选地

玉米需水较多，宜选择水利、肥力条件较好的地块种植。

（三）基肥

亩施腐熟的农家肥1 500~2 000千克、尿素10~15千克、普钙50~75千克、硫酸钾10千克，或复合肥40~50千克、普钙30千克、硫酸锌1~1.5千克。有机肥、复合肥、锌肥全部随耕翻底施。

（四）播种

播种量2.5～3千克/亩，一般直播，播深5～6厘米。播种可用等行距播种（行距60厘米，株距20厘米）、宽窄行播种（宽行距80厘米，窄行距40厘米，株距20厘米）。中晚熟品种适宜密度为3 500～4 500株/亩，中熟品种为4 000～5 000株/亩，中早熟品种为4 500～5 500株/亩，早熟品种为5 000～6 000株/亩。留苗的原则是：低秆的生育期较短的，适当密植；反之，可稀些。

三、田间管理

（一）玉米前期管理

前期管理主要是玉米从出苗到拔节这一阶段，该期以营养生长为核心，地上部生长相对较缓慢，根系生长迅速。主攻目标是促进根系生长，保证全苗、匀苗、培育壮苗，茎扁圆短粗，根深叶茂，为高产打下基础。

1. 除草

在玉米播种后出苗前土壤较湿润时，趁墒对玉米田进行"封闭"除草。要严格按照使用说明，既要保证除草效果，又不影响玉米及下茬作物的生长，严禁随意增加或减少用药量。使用除草剂时应不重喷、不漏喷，以土壤表面湿润为原则，利于药膜形成。土壤墒情好、整地精细的地块宜采用苗前封闭除草，干旱、整地质量差的可选择苗后除草。可在播后1～2天内用乙草胺或48%甲草胺乳油200毫升兑水40千克喷雾，进行土壤"封闭"防苗期杂草。

2. 及早定苗，管好小苗

夏玉米生育期短，生长发育快，必须一播就管，出苗前遇雨及时破除板结，出苗后及时查苗、补苗，3叶疏苗，5叶定苗，留单株壮苗，定苗后立即进行中耕灭荒，促根下扎，进行蹲苗，从而使个体生长健壮而不过旺，植株蹲实，茎叶扁平，叶片厚实，叶色浓绿。在浇拔节水后，要及时中耕培土，促进气根下扎，防止倒伏。

3. 苗期追肥

根据生长发育特点，玉米前期需肥量小，中后期需肥量大。玉米苗期对养分需要量少，在基肥充足、幼苗长势健壮的情况下，苗期一般不再追肥。

4. 适时浇水

玉米需水量大，在生长发育过程中要浇好关键水。玉米苗期植株较小，耐旱、怕涝，一般情况下可以不浇水。但玉米拔节后，植株生长旺盛，雄穗和雌穗开始分化，需水量增加。墒情不足时，应及时浇水。

（二）玉米中后期管理

中后期管理主要是拔节、抽雄、灌浆成熟这一阶段，该阶段中的穗期是玉米一生当中生长最旺盛的时期，也是田间管理的重要时期。主攻目标是促秆壮穗，保证植株营养体健壮，果穗发育良好，防止后期早衰和倒伏，争取穗大、粒多、粒饱，实现高产。

1. 加强水肥管理

玉米是喜大肥大水的作物，所以中后期一定要科学施肥和合理浇水。

2. 施肥

穗肥：此期正是玉米生长最旺盛的时期，是决定果穗大小、籽粒多少的关键时期，需肥量最大。可亩追碳铵60~80千克或尿素25~30千克，追肥时应在行侧距植株10~15厘米范围开沟深施或在植株旁穴施，深度在5~10厘米为宜，施肥后覆土盖严。

粒肥：在玉米抽雄至吐丝期间，追施攻粒肥，可以预防玉米后期脱肥早衰，提高粒重，但用量不能太大，可亩追尿素6~8千克。

3. 灌水

玉米拔节后，雌雄穗开始分化，茎叶生长迅速，对水分需求量增大，干旱会造成果穗有效花数和粒数减少，还会造成抽雄困难，形成"卡脖旱"，因此要根据墒情进行浇水，肥水结合，以水促肥。浇水以田间持水量达到75%~80%即地皮见湿不见干为度。应特别注意后期不要过早停水。

4. 中耕培土

为清除杂草、疏松土壤、促进气生根生长、防止后期倒伏，在大喇叭口期可结合中耕施肥进行培土，培土高度以6~10厘米为宜。

5. 人工去雄

在雄穗露尖时，隔株或隔行拔掉部分雄穗，其作用是使植株变矮，减少养分的消耗，减轻病虫害，改善通风透光，降低空秆率，增加穗粒数和千粒重，达到增产的目的。但应掌握好一个原则：去雄不宜超过一半。

6. 禁止打老叶、削顶梢

为了保持后期绿叶面积、延长光合时间，防早衰、增粒重，在玉米收获前，禁止打老叶、削顶梢。

7. 适期收获

适期收获是增加粒重、减少损失、提高产量和品质的重要生产环节。在不影响后茬作物播种的情况下，要适当晚收。玉米在苞叶干枯时收获比仅仅苞叶变黄时收获，千粒重增加15%~20%，每亩可增产玉米50~100千克，这项技术不增加任何投入，但增产效果明显。

第三章　无公害辣椒种植技术

一、保护设施

应根据当地的经、纬度，选择适合自己的温室结构及无支柱大、中、小拱棚。

1. 温室

反季节蔬菜类应采用"7315"型二代日光温室或采用适合辣椒栽培的高标准连栋温室。

2. 大棚

矢高2.5～3米，跨度6～12米，长度30～60米。

3. 中棚

矢高1.5～2米，跨度4～6米，长度不限。

4. 小棚

矢高0.6～1米，跨度1～3米，长度不限。

5. 配套设施

棚膜应选择EVA（乙烯-醋酸乙烯共聚物）高保温无滴（流滴）消雾膜、三股防老化压膜线。滴灌或渗灌配备施肥设备、机械卷帘配备保温被、穴盘和营养钵育苗、无土栽培等设施。

二、茬口划分

（一）温室茬口

1. 冬春茬

12月上旬育苗，2月下旬定植，4月上旬始收。

2.冬茬

8月下旬育苗，11月中、下旬定植，1月上旬始收。

（二）拱棚茬口

春提早茬：12月底或1月初育苗，3月下旬至4月上旬定植，4月底至5月始收。

三、品种选择

选择抗病、优质、高产、耐藏、耐运、商品性好、适合市场需求的、经过检疫、适合不同茬口的品种，或者选用已通过审定且当地生产已证实的优质、高产新品种。

种子质量符合《瓜菜作物种子　第3部分：茄果类》（GB 16715.3—2010）中的要求。

四、育苗

（一）育苗前的准备

1.苗床准备

按定植667米^{2}面积计，需苗床6~7米^2，分苗畦25米^2，或5 000个营养钵。

2.营养土配制

营养土按体积2：4：4的方法进行配制，即2份炉渣，粉碎、过筛，4份无病虫的田园土，4份腐熟经无公害处理的有机肥，并加入适量的速效养分，用杀菌剂消毒后堆沤15天左右。

（二）种子处理

播种前将种子晾晒2天，然后把种子放入55℃的温水中进行搅拌浸种，待水温降至30℃移放到1 000倍液高锰酸钾溶液中消毒，捞出后放清水中浸泡4~5小时，取出种子，洗掉种子表皮黏液，置于28~30℃处保温催芽，当发芽率达70%左右即可播种。

（三）播种

播种前整平床面，浇足底水，下种量为6~8克/米^2，播种后覆盖筛过的营养土1厘米，上面加盖遮阳网、棚膜，以防高温、暴雨。

（四）幼苗期管理

播种至出苗，保持日温28～30℃，幼苗拱土时降到27～28℃，夜温18～20℃；出苗后，白天25～28℃，夜温逐渐由20℃降至15～17℃。

（五）分苗及管理

1. 分苗

当小苗长到两叶一心时抓紧分苗。分苗前低温炼苗2～3天，分苗可直接分到营养钵内，每钵1株或2株均可。随起苗、随移栽、随浇水。

2. 管理

分苗后用小拱棚覆盖，阳光过强时用草帘或遮阳网遮盖。

缓苗期白天气温保持在25～30℃，夜间18～20℃，缓苗后白天20～25℃，夜间15～18℃。防治虫害，可用15%阿维·毒乳油1 500～3 000倍液喷施，预防病害可用75%百菌清800倍液喷施，如出现黄苗、弱苗，可喷打适量的叶面肥。定植前低温炼苗5～7天。

五、定植及定植后的管理

（一）整地施肥

1. 施肥原则

肥料的施用除满足蔬菜生长发育对营养元素的需要外，所施肥料应符合《绿色食品　肥料使用准则》（NY/T 394—2021）的相关要求。

2. 施肥数量

目标产量是3 000千克/亩，每亩施用经高温堆沤和无公害处理的鸡粪2 500千克、纯氮1千克、磷18千克、钾25千克，其中2/3的有机肥、氮肥、硫酸钾和全部磷肥撒施后深翻于土中，剩余部分集中施于垄下，浅耕后起垄。

3. 整地

深翻土壤40厘米，细耕2遍。整平后，按50厘米×70厘米交替打线，起垄，垄高15～20厘米。

第三章

无公害辣椒种植技术

（二）定植

1. 定植标准

6~8片真叶，苗高15厘米左右，温室内10厘米土温稳定在15℃后开始定植。

2. 定植时间

选择晴天的上午进行定植。

3. 定植方法

按穴距30厘米、深度10厘米定植，定植后及时浇透定植水。

（三）定植后的管理

1. 前期管理

（1）温湿度调控　缓苗期，保持日温28~30℃、夜温18~20℃、地温22℃。缓苗后，日温15~18℃、地温20℃，日温超30℃放风，降至25℃闭风，空气湿度保持在75%左右。

（2）水分管理　因辣椒不耐干旱，要保持土壤含水量55%~60%，根据土壤墒情及时补充水分，浇水采用暗灌或滴灌。浇水后要及时放风排湿。

2. 花果期管理

（1）温光管理与植株调整　冬季日温保持在25℃左右，夜温保持12~18℃，最低温度控制在8℃以上。3月以前以保温为主，在适温的范围内，应尽量增加光照时间。4—5月，辣椒进入盛果期，要加强通风透光，采取推株并垄，摘除老叶、老枝，改善温室小气候。

（2）水肥管理　在结果初期和盛期各浇一次水，并随水追肥。第一次亩追施纯氮4千克、钾10千克，第二次追施纯氮9千克和钾10千克。

（3）叶面喷肥　盛果期要及时补充叶面肥。喷施的叶面肥应符合相关要求。

六、病虫害防治

（一）主要病虫害

1. 主要病害

立枯病、猝倒病、根腐病、疫病、病毒病、灰霉病、青枯病等。

2. 主要虫害

蚜虫、白粉虱、棉铃虫等。

（二）防治原则

按照"预防为主，综合防治"的植保方针，坚持以"农业防治、物理防治、生物防治为主，化学防治为辅"的无害化治理原则。

1. 农业防治

选择抗病品种；与非茄科作物轮种3年以上；高垄定植，膜下暗灌或渗灌；培育壮苗；测土配方施肥，增施有机肥，少施化肥；清洁田园等。

2. 物理防治

温汤浸种、黄板诱蚜、银灰色膜驱避蚜虫、防虫网阻挡蚜虫等。

3. 生物防治

（1）天敌　积极保护和利用天敌，如瓢虫、赤眼蜂、草蛉等，防治病虫害。

（2）生物药剂　采用病毒、线虫、菌类，如病毒颗粒、苏云金芽孢杆菌等防治虫害，植物源农药如苦参碱、茼蒿素、苦楝素和生物源农药如阿维菌素、农用链霉素、新植毒素等生物农药防治病虫害。

（3）合理施药　使用药剂防治时严格按照相关要求。

选药用药技术见表3-1。

表3-1　选药用药技术

防治对象	农药名称	使用方法	安全间隔期（天）
苗期猝倒病、立枯病和沤根	95%噁霉灵粉剂	3 000倍液喷雾	7
	15%混合氨基酸铜·锌·锰·镁水剂	500倍液灌根	7
疫病	72%锰锌·霜脲可湿性粉剂	800倍液喷雾	10
灰霉病	50%异菌·福可湿性粉剂	800～1 000倍液喷雾	10
青枯病	30%琥胶肥酸铜可湿性粉剂	600～800倍液喷雾	5
	60%琥铜·乙铝·锌可湿性粉剂	400～600倍液喷雾	10
病毒病	20%吗胍·乙酸铜可湿性粉剂	800～1 000倍液喷雾	7

第三章 无公害辣椒种植技术

（续表）

防治对象	农药名称	使用方法	安全间隔期（天）
蚜虫	15%阿维·毒乳油	3 000倍液喷雾	15
	5%吡虫啉乳油	1 500倍液喷雾	15
白粉虱	20%高氯·噻嗪酮乳油	1 000倍液喷雾	15
棉铃虫	15%阿维·毒乳油	1 500倍液喷雾	15

（4）严禁使用高毒高残留农药　详见《农药合理使用准则》（GB/T 8321）。

七、及时采收

当果皮变绿、坚硬、发亮时即可采收，一般从开花到采收20天左右，辣椒必须及时采收，否则影响后期产量。产品质量应符合《无公害食品　茄果类蔬菜》（NY 5005—2008）的要求。

八、分装、运输、贮存

执行《无公害农产品　生产质量安全控制技术规范　第1部分：通则》（NY/T 2798.1—2015）标准。

第四章　无公害茄子种植技术

一、保护设施

应根据当地的经、纬度，选择适合自己的温室结构及无支柱大、中、小拱棚。

1. 温室

反季节蔬菜类应选用"7315"型二代日光温室或高标准连栋温室。

2. 塑料大棚

矢高2.5～3米，跨度6～12米，长度30～60米。

3. 塑料中棚

矢高1.5～2米，跨度40～6米，长度不限。

4. 塑料小棚

矢高0.6～1米，跨度1～3米，长度不限。

5. 配套设施

棚膜应选择EVA高保温无滴（流滴）消雾膜；三股防老化压膜线；滴灌或渗灌配备施肥器；机械卷帘配备保温被；穴盘和营养钵育苗；无土栽培等设施。

二、茬口划分

（一）温室茬口

1. 秋冬茬

7月中、下旬育苗，8月下旬定植，11月上、中旬始收。

2. 冬春茬

12月上旬育苗，2月上旬定植，3月下旬始收。

（二）拱棚茬口

1. 春提早茬

1月上旬至中旬育苗，3月初定植，4月中旬始收。

2. 秋延后茬

7月下旬至8月上旬育苗，8月下旬至9月下旬定植，10月下旬至11月始收。

三、品种选择

选择抗病、优质、高产、耐藏耐运、商品性好，适合市场需求且经过检疫的品种，或者选用已通过审定，且当地生产已证实的优质、高产新品种。

种子质量符合《瓜菜作物种子　第3部分：茄果类》（GB 16751.3—2010）中的要求。

四、育苗

（一）育苗前的准备

1. 育苗设施

根据季节不同选用温室、大棚、阳畦、温床等育苗设施，夏秋季育苗应配有防虫遮阳设施，有条件的地方可采用穴盘育苗和工厂化育苗，并对育苗设施进行消毒处理，创造适合秧苗生长发育的环境条件。

2. 营养土

配制营养土应按体积2∶4∶4的方法进行，即烧透的炉渣20%、充分腐熟的、经过无害化处理的有机肥40%、无菌田土40%，并加入适量的速效养分，喷洒杀菌剂杀菌，堆积10～15天方可使用，一般亩用2米^{3}营养土即可。配制出的营养土要求孔隙度约60%，疏松、保水、保肥、营养完全。将配制好的营养土均匀铺于播种床上，厚度10厘米。

3. 苗床

按照种植计划准备足够的苗床，每平方米苗床用福尔马林30～50毫升加水3千克喷洒在苗床上，翻匀后，用塑料膜闷盖3天后揭膜，待气体散尽后播种。

（二）种子处理

1. 消毒处理

用15%混合氨基酸铜·锌·锰·镁水剂600倍液浸种20分钟，或0.2%高锰酸钾液浸种10分钟，浸种后用清水洗净。

2. 浸种催芽

消毒后的种子用30℃的温水浸泡8小时，捞出洗净，进行催芽，温度保持在25~28℃，当芽露白即可播种。

（三）播种方法

播前苗床浇足底水，水渗下后撒一层0.1~0.2厘米厚的营养土，整平床面，均匀播种，播后覆盖0.5~1厘米的营养土，然后盖膜保墒。

（四）苗期管理

1. 温度管理

温度管理指标应符合表4-1的规定。

表4-1　苗期温度管理指标　　　　　　　　　　（℃）

时期	日温	夜温	最低温	备注
播种至齐苗	30~35	20~22	18	
齐苗至1叶展开	27~30	17~20	13	适当放风
1叶展开至移栽	25~27	15~16	12	移栽前2~3天要低温炼苗

2. 光照管理

适宜茄子生长的光照强度3万勒克斯，冬春育苗采用反光幕增光，夏秋育苗适当遮光降温。

3. 水分管理

保持地面见干见湿。如果浇水过多，容易引起苗徒长和发病。

4. 分苗

（1）分苗方法　两叶一心即可进行分苗。分苗应采用9厘米×9厘米的营养钵单株分苗。分苗后应进行遮阳，以利缓苗。

（2）分苗后的管理　这段管理重点是水分管理和叶面喷肥，浇水的原

第四章

无公害茄子种植技术

则仍是保持见干见湿，叶面喷肥一般在定植前10～15天喷施1次。在浇水时加入600倍液的15%混合氨基酸铜·锌·锰·镁水剂，可有效防治苗期各种病害。

五、定植前的准备

（一）整地施肥

1. 施肥原则

肥料的施用除满足蔬菜生长发育对营养元素的需要外，所施肥料应符合《绿色食品　肥料使用准则》（NY/T 394—2021）的相关要求。

2. 施肥

如目标产量是10 000千克/亩，每亩施用经高温堆沤的鸡粪5 000千克、纯氮14千克、磷22.5千克、钾40千克。其中全部磷肥和2/3的鸡粪、氮肥、钾肥撒施后深翻于土中，剩余的氮肥、钾肥和鸡粪集中施于垄下，浅耕后起垄种植。

3. 整地

施肥后，将土壤深翻30厘米，整平起垄，垄宽50厘米，垄高20厘米，垄距80厘米。

（二）棚室消毒

1. 土壤消毒

地下病害，亩用3%甲霜·噁霉灵水剂300倍液进行喷雾。

2. 空间消毒

棚室在定植前要进行消毒，每亩喷5%百菌清粉尘剂和6.5%噁霉灵粉尘剂各1千克，同时用2～3千克硫黄粉点燃熏棚，密闭棚室24小时。

六、定植

（一）定植标准

苗龄80～90天，温室内10厘米土温稳定在13～15℃时开始定植。

（二）定植时间

选择连续晴天的上午进行定植。

（三）定植方法

在垄上按60厘米的株距开穴，先浇穴水后栽苗、每穴一株，亩栽1 800株左右。定植时深度和营养钵相平。

七、定植后的管理

（一）环境调控

1. 温度

温度管理见表4-2。

表4-2　茄子定植后温度管理指标　　　　　　　　　　（℃）

时间	日温		夜温		地温
缓苗期		28～30		18～20	16
缓苗后		25～28		15～20	15
始收前	上午	25～30	前半夜	18～20	
	下午	20～28	后半夜	10～13	
采收期	上午	26～36	前半夜	18～22	
	下午	24～30	后半夜	13～15	

2. 光照

茄子为强光短日照的作物，光补偿为2万勒克斯，饱和点为4万勒克斯。冬季生产温室后端要张挂反光幕，改善温室光照条件。

3. 湿度

最佳空气湿度调控指标是缓苗期80%～90%，缓苗后70%～80%。

4. 气体

在开花坐果期，温室内二氧化碳浓度要达到1 000～1 500毫克/千克。

5. 浇水

采用膜下暗灌或滴灌、渗灌。一般浇水原则：浇好定植水，浇透缓苗水，而后一直不浇水，门茄开始膨大时开始浇第一水，冬季一般10～15天浇一次，春季根据天气状况和茄子的生长情况，逐渐增加浇水次数和浇水量。

6. 追肥

在门茄开始膨大时开始追肥，一般每次亩施用纯氮3千克、钾4千克，半月一次；进入盛果期后，一般每次追施纯氮5千克、钾7.5千克，10天一次；追肥要采用沟施、穴施随后浇水的办法，所追施的肥料应符合相关要求。

（二）植株调整

1. 整枝

茄子的整枝有单杆整枝、双杆整枝和"1-2-4-2"整枝3种方法，在具体管理中根据栽培密度和目的选择适宜的整枝方法。对二叉分枝以下叶腋里发生的侧枝全部摘除；主杆上要适时打掉底叶，长茄品种宜早打底叶，圆茄品种可适当晚打。

2. 保果

利用温室授粉专用昆虫进行授粉，或用防落素或番茄灵进行蘸花，每袋加水1.2千克。

（三）病虫害防治

1. 病虫害的种类

（1）虫害　美洲斑潜蝇、白粉虱、红蜘蛛、蚜虫等。

（2）病害　猝倒病、立枯病、黄枯萎病、灰霉病、绵疫病、褐纹病等。

2. 防治原则

按照"预防为主，综合防治"的植保方针。坚持以"农业防治、物理防治、生物防治为主，化学防治为辅"的无害化治理原则。

3. 农业防治

选择抗病品种；与非茄科作物轮作3年以上，合理施肥浇水，培育壮苗，及时清除中心病株、病叶并进行深埋或烧毁处理。

4. 生态防治

通过控制温度和空气湿度，保证充足的光照和二氧化碳，利用防虫网和薄膜的保护作用，创造有利于茄子生长、不利于病虫害发生的生态环境。

5. 物理防治

利用银灰色反光膜驱避蚜虫，设置黄色诱虫板诱杀蚜虫及白粉虱。

6. 生物防治

（1）天敌　积极保护利用天敌，防治病虫害。

（2）生物制剂　使用苏云金芽孢杆菌、病毒颗粒、阿维菌素等生物农药防治害虫；利用农用链霉素、井冈霉素、0.5%氨基寡糖素水剂等防治病害。

7. 化学防治

使用化学药剂防治应符合《农药合理使用准则》（GB/T 8321）和《无公害农产品　生产质量安全控制技术规范　第1部分：通则》（NY/T 2798.1—2015）的要求。选药用药技术见表4-3。

表4-3　主要病虫害防治一览表

防治对象	农药名称	使用方法	安全间隔期（天）
猝倒病立枯病	95%噁霉灵粉剂	3 000倍液喷雾	3
枯黄萎病	15%混合氨基酸铜·锌·锰·镁水剂	800倍液定植时灌根0.25千克/株	25
	50%多菌灵可湿性粉剂	500倍液喷雾	3
灰霉病	50%异菌·福可湿性粉剂	800倍液喷雾	7
绵疫病	70%代森锰锌可湿性粉剂	500倍液喷雾	15
	75%百菌清可湿性粉剂	600倍液喷雾	7
褐纹病	64%噁霜灵粉剂	500倍液喷雾	10
蚜虫	15%阿维·毒乳油	3 000倍液喷雾	5
	3%啶虫脒乳油	3 000倍液喷雾	7
白粉虱	20%高氯·噻嗪酮乳油	1 000倍液喷雾	7
	50%杀螟丹可溶性粉剂	1 500倍液喷雾	7
斑潜蝇	20%阿维·杀虫单微乳剂	1 500倍液喷雾	7
茶黄螨	70%炔螨特乳油	1 000倍液喷雾	7

严禁使用高毒高残留农药，严格按照《农药合理使用准则》（GB/T 8321）标准执行。

（四）及时采收

当茄子萼片两侧的白条带消失时，及时采收。采收过程中所用工具要清

第四章　无公害茄子种植技术

洁、卫生、无污染，及时分批采收，减轻植株负担，确保商品果质量，促进后期果实发育，果品质量要符合《无公害食品　茄果类蔬菜》（NY 5005—2008）和《无公害农产品　生产质量安全控制技术规范　第1部分：通则》（NY/T 2798.1—2015）的要求。

（五）清洁田园

采收完毕后要将残枝落叶、杂草清理干净，集中处理，保持田间清洁。

八、分装、运输、贮存

执行《无公害农产品　生产质量安全控制技术规范　第1部分：通则》（NY/T 2798.1—2005）标准。

第五章　苹果周年栽培管理技术

一、12月上旬至2月中旬休眠期

（一）冬季整形修剪

1. 苹果树常见的几种主要树形

（1）主干疏散分层形　这种树形适宜亩栽33～55株的乔化树。其树形结构是：树高4～5米，主干高60厘米左右，全树5～6个主枝，分2～3层排列。第一层3个主枝，均匀地向3个不同方向延伸，平面夹角（方位角）120°，呈邻近或邻接排列，层内距30厘米左右；第二层2个主枝，距第一层70～80厘米，分布在第一层主枝的上方空间，为了不影响光照，方向不要朝南，两个主枝要互相错开，不要对生，层内距20厘米左右；第三层1个主枝，插在第二层主枝上方的空间。

（2）小冠疏层形　这种树形适宜于山区旱地亩栽66～83株的短枝型品种。其树形结构是：树高2.5米，主干高60厘米，全树5个主枝，分2层排列。第一层3个主枝，其平面夹角120°，邻近排列，层内距20厘米；第二层2个主枝，分别插在第一层主枝上方的空间，层内距10厘米，第二层到第一层之间的距离为70～80厘米。

（3）自由纺锤形　这种树形适宜于平原水地亩栽83株左右的短枝型品种。其树形结构是：树高2.5～3米，主干高70～80厘米，冠幅2.5米左右，中央领导干直立，在中央领导干上均匀着生10个主枝，向四周延伸，每个主枝相距0～15厘米，枝干比为1:3，无层次，下层主枝长1.2～1.5米，越往上越短，外观呈纺锤形。

（4）圆柱形又叫主干形　这种树形适宜于平原水地亩栽111株以上的矮化砧品种。其树形结构是：树高2.5米，主干高70～90厘米，冠径2米左右，且有中央领导干，枝干比为1∶5，在中央领导干上直接着生大、中、小型结果枝组30～40个。

（5）开心形　这种树形源于日本，是近年来生产上普遍推广和采用的一种树形，适用于枝条较柔软的红富士苹果树整形修剪。其树形结构是：树高3.5～4米，主干高1～1.2米，全树保留3～4个主枝，每主枝与主干的夹角为50°～80°，每个主枝保留2个侧枝，在主枝及侧枝上分布大量松散下垂结果枝组，通常间距20～30厘米，结果后枝组自然下垂，呈"披头散发形"，枝组长度可达2米以上。

2. 修剪

依据不同品种、不同树形、不同栽培密度及不同管理水平，采用不同的修剪手法，对苹果树进行科学合理的修剪，力求做到主从分明，树势平衡，有形不死，无形不乱，从而达到全园通风透光，立体结果。冬剪的主要方法有：疏枝、短截、甩放、回缩、戴帽剪等。

（1）主干形　对枝干比小于1∶5的结果枝轴缓放不剪，大于1∶5的疏除。

（2）细长纺锤形　选留枝干比小于1∶4的结果枝轴缓放不剪，大于1∶4的疏除。

（3）自由纺锤形　选留枝干比小于1∶3的结果枝轴缓放不剪，大于1∶3的疏除。

（4）背上枝的处理　长度超过20厘米的疏除，20厘米以内是花芽的保留结果，非花芽的疏除。

（5）两侧枝的处理　两侧枝粗度与着生部位枝轴的比达到1∶（6～7）的缓放不剪，超过粗度的疏除。

（6）背下枝的处理　背下枝的去留依两侧而定，两侧有枝的疏除，两侧无枝的保留，待结果后回缩或疏除。

（7）竞争枝及徒长枝的处理　此二类枝全部疏除。

（8）延长枝的处理　有空间的不作处理，无空间的剪除顶芽的2/3，控制枝头延伸。

（9）果台枝的处理　单果台的保留，双果台的去一留一，去中留弱，20厘米以内的保留，超过20厘米的是花芽的保留，非花芽的破顶。

（10）结果枝组的处理　能发出果台副梢的继续缓放，发不出副梢的回缩至饱芽处或有分枝处。对于下垂的1～2年生细弱枝，回缩至健壮短枝处，增粗复势。

（二）清洁果园

将修剪后的枝条连同苹果园内的落叶、僵果、杂草等一起清除至园外，集中烧毁或深埋。

（三）保护伤口

为了防止病害、虫害和冻害，枝条剪口和锯口直径超过1厘米的伤口要涂保护剂。常用的保护剂有白乳胶漆、防水漆、石灰乳和腐酸硫酸铜水剂等。

（四）灌防冻水

12月上旬在上冻前浇一次封冻水，水量要大，要接底墒，这次灌水对苹果树根系生长、基肥熟化及翌春果树生长发育都有很大好处。

（五）重刮皮

对成龄大树及老果树要进行重刮皮，要求把主干、主枝上的老皮层刮到见绿不见白色为止，刮后可涂腐酸硫酸铜水剂。刮皮一方面可促进果树生长，另一方面可破坏许多病虫的越冬场所，降低病虫的越冬基数。

二、2月下旬至3月中旬休眠期

（一）栽植

依据不同的地形、地势，选用不同的品种，合理规划，进行栽植。

1. 选择品种

选择适宜本区域生长的优势品种进行栽植。优良的晚熟品种有红富士、凉香、红将军等；优良的中熟品种有华冠、华玉、霞艳、嘎啦、美八、红津轻、南方脆、新红星等；优良的早熟品种有丰艳、安娜、藤木一号等。

2. 配置授粉树

苹果树多数为异花授粉植物，栽植时一定要配置授粉树。授粉树要和主栽品种花期基本一致，花量要大，和主栽品种的配比为1：（4～5）。二倍体品种如乔纳金、北海道九号、北斗等，最少要配置两个授粉品种。

3. 挖栽植沟

秋季，按行距挖宽0.8~1米深的定植沟，挖时，将阳土（40厘米以上土壤）与阴土（40厘米以下土壤）分开。挖好后进行回填，先在沟底部填厚30厘米左右的作物秸秆，然后将腐熟的农家肥、适量的磷肥、钾肥与阳土混匀进行回填，填至低于地面20厘米后，灌水浇透，使土沉实，最后覆上一层表土保墒，待翌春栽植。

4. 栽植

栽植前要将苗木浸水一昼夜，水中加入吲丁·萘合剂，可促进新根与幼树生长。然后对苗木进行修剪，主要是剪除死根、病根、虫根等。最后对苗木进行消毒，常用的消毒方法有：石硫合剂消毒——用3~5波美度石硫合剂水溶液浸苗10~20分钟；波尔多液消毒——用1∶1∶100波尔多液浸苗10~20分钟；或用800倍液甲基硫菌灵、1 000倍液代森锌等。栽植时要注意使树苗根系舒展，踩实，最后进行浇水。

（二）树干涂白

为了防止苹果树树干被灼伤和冻害，常需要在早春对苹果树树干进行涂白，常用的涂白剂由生石灰、食盐和水配制而成，配方为：生石灰12份、食盐2份、水3份。用水把石灰化开去渣，倒入食盐中，搅拌均匀即可。

（三）喷药

苹果园介壳虫为害严重的话，应在3月上中旬对全园细致地喷一遍5波美度石硫合剂，能够达到很好的防治效果。腐烂病发生严重的果园可喷一遍200倍液甲基硫菌灵（果康宝）。

1. 石硫合剂的熬制

选用优质生石灰1份，细硫黄粉2份，水13份。先将水放在锅里烧热，约50℃，用锅里的热水把硫黄粉调成糊状，继续把水烧热到90℃以上，把选好的石灰放入锅里，这时锅里的水已沸腾，再把硫黄糊慢慢倒入锅中，边倒边搅，火力要大而匀，煮45分钟即可停火。

2. 石硫合剂的用法

石硫合剂是一种很好的杀虫、杀菌、杀螨剂，是生产无公害果品的首选药剂。休眠期一般使用3~5波美度，生长期使用0.2~0.5波美度（夏季不要超过0.3波美度）。

3. 喷药注意事项

喷药时要细致、均匀、周到，对主干、主枝要多喷。

三、3月下旬至4月上旬萌芽期

（一）花前复剪

冬季修剪不到位的树或枝，在开花前要认真仔细地进行花前复剪。该回缩的回缩，该拉枝的拉枝，密闭拥挤枝该疏除的疏除。对花量大的树要疏除部分结果枝或结果枝组。

（二）高接换种

对于一些品种不对路的苹果树，可在3月中下旬至4月上旬，选择优良的品种进行高接换头，为了缩短改接年限，提早结果，常采用多头高接，嫁接的方法有劈接、腹接、皮下腹接、带木质芽接等。

（三）追肥浇水

为了增强树势、提高坐果率，开花前在树冠外围株施尿素0.25千克，过磷酸钙0.5千克，追肥后及时进行浇水。患小叶病的果园追肥时每株可混入0.25千克硫酸锌。

（四）防治病虫

结合清园，全园细致地喷一遍5波美度石硫合剂，可以有效地防治多种病虫危害。

1. 病害防治

主要防治腐烂病、干腐病、轮纹病等枝干病害，要对全园每一棵树认真仔细地检查，发现病斑后及时进行刮除，并涂抹有效药剂，常用的药剂有3%甲基硫菌灵糊剂、1.8%辛菌胺醋酸盐水剂、35%丙唑·多菌灵悬浮剂、1.6%噻霉酮涂抹剂、45%代森铵水剂等。

2. 虫害防治

主要防治越冬红蜘蛛、介壳虫、蚜虫等，可以通过刮翘皮、喷药进行防治。红蜘蛛、介壳虫发生严重的果园，喷石硫合剂即可。蚜虫发生严重的果园，喷95%柴油乳剂。

（五）果园生草

1. 果园草种选择原则

1）草高度宜在30～50厘米，较低矮。

2）根系以须根为主，长度在20厘米以内。

3）产草量大，覆盖率要高。没有与果树共同的病虫害。

4）地面覆盖期长，而旺长期短。

5）耐阴，耐践踏，易恢复；生草容易，管理省工。

2. 适宜的草种

白三叶草、红三叶草、毛叶苕子、扁茎黄芪。白三叶草是多年生豆科牧草，耐践踏，再生性好，主侧根发达，主要分布在土表20厘米上下，根上有许多根瘤菌，有较强的固氮作用，耐寒、耐热性均较强，在有灌溉条件的果园，生草效果十分明显。

3. 果园生草的作用

1）防止和减少水土流失。

2）提高土壤有机质含量。

3）调节土壤湿度，提高水分利用率。

4）有效提高土壤营养元素的利用率。

5）调节和稳定土壤湿度，盛夏土壤温度不致过高，有利于根系生长。果园生草能使墒情优于清耕果园，改善土壤理化性状，提高土壤田间持水量和有机质含量，起到"以肥调水"的作用，有效地补充成熟期果实着色对水分的需求，并增加了生物种群。

6）改善果园小气候，有利于生产优质绿色果品。果园生草后，湿度增加，温差加大，十分有利于光合产物和有机营养积累。

7）促使果树害虫天敌种群数量增加，可减少农药投入，降低农药残留，有利于环境保护。

8）有效降低生产成本。

4. 播种

将地整平、耙细，将种子条播或撒播于土中，播种的深度不超过2厘米。播种后耙细，使种子与土壤充分接触。

5. 注意事项

1）由于草种比较小，不能播得太深，通常不能超过2.5厘米。

2）出苗后要加强管理，及时清除杂草。

3）天气干旱时要进行洒水，不能大水漫灌。

四、4月中旬至下旬开花期

（一）树冠喷肥

为了防止畸形果、偏斜果，提高果树授粉受精能力，在果树开花期喷2～3次0.3%硼酸或硼砂溶液，间隔10天。对于生长衰弱的树，喷1～2次0.3%硼砂溶液+0.3%尿素溶液。小叶病发生严重的果园喷1～2次0.3%硼酸溶液+0.5%硫酸锌溶液。

（二）授粉

1. 人工授粉

采集含苞待放亲和力强的异花花蕾，花对花摩擦，取出粉囊，摊晾在小房内，将室温控制在23～25℃，不能超过25℃，晾干后收果瓶内待用。当25%花开放后，用授粉器进行点授。

2. 壁蜂授粉

在有授粉树且授粉树配比合适的果园，可以利用壁蜂或蜜蜂进行授粉，壁蜂茧的放置数量为每亩100～150头，蜜蜂3亩一箱蜂（9脾以上）。

（三）疏花

为了防止冻害、风灾造成的意想不到的后果，花期先疏花序、梢头花、病残花、腋花芽和迟开花，待天气稳定后，再疏果。

（四）喷拉长剂

在中心花开50%时喷第一次，中心花开100%时喷第二次，以两次为宜，注意要均匀地喷到花托上。拉长剂有苄氨·赤霉酸（宝丰灵、普洛马啉）等。

（五）防治金龟子

主要有3种方法：一是花前地面撒5%辛拌磷毒土；二是花期树冠挂糖醋

液诱杀，糖醋液的配方为水6份、醋2份、糖1份、酒1份加少量菊酯类农药，兑好后装瓶，挂树上，每天收虫添药；三是早晨或傍晚人工振落收集灭杀。

五、5月上中旬幼果期和春梢生长期

（一）夏季修剪

1. 目的意义
缓和生长势，培养优良中小结果枝组及优良结果枝。

2. 时期
从春季萌芽到秋梢停止生长。

3. 方法
（1）环割　对幼树结果枝轴，发芽后当延长枝长到5～10厘米时，从前向后在未发枝的芽前环割一道，依此类推。当该芽枝长至10厘米时及时在基部环割、促使封顶。

（2）环剥　当生长强旺的大枝轴上的中枝（5～15厘米）80%停止生长时，及时在枝轴基部环剥。

（3）背上枝处理　对于枝轴背上枝生长中庸的且两侧或一侧缺枝的从基部拧伤或拿枝补充空间；对于两侧生长较强的，其背上枝先保留，于秋梢停长后再疏除；过密的背上枝可适当疏一些；对于枝头背上枝，枝头无空间的疏除，有空间的先保留，果实着色期疏除。

（4）两侧枝处理　20厘米以下的中庸枝不处理，超过20厘米的斜上枝，拿枝或转枝。

（5）对结果枝轴上分生的一年生枝　第二年发芽后，顶芽不是花芽的掰顶促侧。

（6）果台副梢处理　单副梢长度在20厘米以下的不做处理，超20米的进行摘心；双副梢的长度在20厘米以下的不做处理，超过20厘米疏除一个较强的副梢，保留一个较短的副梢。

（7）拉枝　具体时间应根据树形和枝条生长而定。主干形，当结果枝轴长全60～70厘米时拉枝，基角为90°～100°；细长纺锤形，当结果枝轴长度达70厘米进行拉枝，基角为90°左右；自由纺锤形，当结果枝轴长度达80厘米以上进行拉枝，基角为80°～90°。

（二）疏果

疏果一般在花后一周开始，生产上常用两种方法：一是距离法，即每隔25～30厘米留一个果，小型果每25厘米留一个果，大型果每30厘米留一个果；二是干周法，$Y=0.025 \times C^2$，Y为株产量，C为树干中部周长。

（三）追肥浇水

成龄大树每株追尿素0.5千克、过磷酸钙1千克、硫酸钾0.75千克；幼树每株追尿素0.1千克、过磷酸钙0.25千克、硫酸钾0.15千克，采用穴追法，追肥后及时进行浇水。

（四）喷药补钙

此期主要虫害有红蜘蛛、介壳虫、金纹细蛾、卷叶虫和蚜虫等，防治有效药剂有四螨嗪、哒螨灵、阿维菌素、灭幼脲等；主要病害有轮纹病、炭疽病和斑点落叶病等，防治有效保护性杀菌剂有代森锰锌、丙森锌、代森联、代森锌；内吸性或治疗杀菌剂有醚菌酯、戊唑醇、甲基硫菌灵、多抗霉素、多菌灵、唑醚·代森联等；每次喷药时加钙肥，为套袋做准备。

六、5月下旬至6月上旬春梢停长期和花芽分化期

（一）环剥或环割

可在苹果树的主干和主枝的基部进行。愈合能力强的品种如红富士进行环剥，愈合能力差的品种如新红星、美八等进行环割；旺树进行环剥或环割，弱树不进行。环剥宽度一般不超过枝条直径1/10，剥口30天愈合最好，过期不愈合要用塑料薄膜进行包扎。

（二）防治桃小食心虫

可采用地面撒药和树上喷药相结合进行防治。地面撒药通常在5月下旬至6月上旬，即麦收前进行，若此期有5毫米降水，应立即用药，否则可适当推迟。地面撒药的药剂有辛硫磷等；地面用药10天后进行树上喷药，药剂有灭幼脲、辛·氰、菊酯类等。

第五章　苹果周年栽培管理技术

（三）套袋

苹果套袋是生产优质高档果品的重要措施，也是解决果实外观品质、降低农药残留、减少病虫害、增加经济效益的有效手段。套袋前要认真细致地喷一次药，然后进行套袋。生产上常见有4类套袋。

1. 套塑膜袋

主要用于生产低档果，成本低。选用质量较好的塑膜袋，将苹果套入袋内。套袋时要注意使塑膜袋体膨起，使幼果悬浮于袋内，将袋口扎紧，防止病虫侵入袋内为害。

2. 套单层纸袋

主要用于中早熟苹果套袋。选用质量较好的单层内红或内黑条纹或木浆纸袋，将苹果套入袋内。套袋前使袋体返潮，然后进行套袋，要注意使袋口扎紧，但又不伤果柄。

3. 膜袋＋纸袋

来源于万荣、临猗等苹果产区，实践证明该项技术是适用于黄土高原气候比较理想的一类套袋技术。具体办法是：在苹果开花后15～20天先给幼果套上塑膜袋，间隔15～20天，再选用中档纸袋将套上塑膜袋的苹果一起套入纸袋。它的优点是成本低，商品率高，效益好，没有风险。

4. 套双层纸袋

选用优质高档内红或内黑木浆纸袋，将选好的幼果套入袋内。要求纸袋通气性好，纸张柔软，耐雨水冲刷，褪绿程度高，遮光性强，病虫为害少，上色速度快等，主要有日本小林袋、青竹双层袋、富士1号双层袋、富士2号双层袋等。

七、6月中旬至8月中旬秋梢生长期和果实膨大期

（一）追肥浇水

膨大期的肥水对果实的膨大、提高单果重十分重要。成龄大树每株追过磷酸钙1千克、硫酸钾1千克；幼树每株追果树专用肥1千克，采用穴追法，追肥后及时浇水。

（二）顶吊枝

对结果多的枝条，用略长于枝条高度带杈的木棍，从大枝中前部把大枝

撑起，或用绳子把果多的中长枝吊在中央领导干上，防止果把枝压断。

（三）防治病虫

此期虫害主要有二代桃小食心虫、红蜘蛛、金纹细蛾、梨网蝽、棉铃虫、卷叶虫等，有效的杀虫剂有辛·氰、灭幼脲、菊酯类等；杀螨剂有哒螨灵、四螨嗪、噻螨酮等；病害主要有斑点落叶病、炭疽病、轮纹病等。有效的杀菌剂主要有波尔多液、醚菌酯、戊唑醇、肟菌酯、多菌灵、甲基硫菌灵，多抗霉素等。

（四）中早熟苹果的采收

一些早中熟苹果如藤木一号、早捷、嘎啦、美八、珊夏等陆续成熟，采收时要分批采收，要从适宜采收期开始，分2～3批完成。采收时用食指顶在果柄上，朝上或一旁用力，果柄即和果台分离，千万不要硬拉硬拽，以免伤害果柄和果台。

八、8月下旬至9月上旬秋梢停长期

（一）拉枝

把直立向上的枝条按一定的角度、方位进行拉枝，控制秋梢生长，改善树冠光照，使树体通风透光。

（二）叶面喷肥

中早熟苹果采收后树冠喷0.3%尿素+0.2%磷酸二氢钾，能显著提高叶片的光合能力，增加树体的贮藏营养；晚熟苹果可喷磷酸二氢钾、光合微肥、稀土、增红剂1号等，目的是增加着色，提高果实品质。

（三）秋施基肥

秋施基肥在中熟品种采收后、晚熟品种采收前进行，多在9月上旬开始较好，由于此期新梢已停止生长，气温、地温较高，施用后能很快被树体吸收，且断根易愈合。此期以腐熟有机肥为主，施用量按斤果斤肥的原则进行，一般每亩施有机肥2 000～2 500千克，适当加施化肥和微量元素，氮、磷、钾比例为1∶1∶2，混合施用适量锌、硼、铁等微量元素。最好的方法

是将微量元素肥在施用前与有机肥混合堆沤，可提高微量元素的利用率，此次施基肥占全年100%，化学肥料要占60%以上，采用环状沟施或撒施深翻，施肥后及时浇水。

（四）地面覆草

果园深翻施肥后，在树冠投影范围内覆盖20厘米厚的麦秸或杂草，上面再盖一层薄土，防止刮风和火灾。

九、9月中下旬至10月上旬着色期

（一）除袋

主要针对套纸袋苹果，套塑膜袋不除袋。一般在采收前15~20天，选阴天或低温天气，先将外袋去除，间隔2~3天再将内袋去除。

（二）摘叶

分两次进行，第一次在除袋后2~3天进行，重点摘除接触果面的莲座叶和果实周围5厘米以内的遮光叶，6~7天后摘除树冠外围的遮光叶。总摘叶量控制在树体总叶量的30%左右。

（三）转果

摘叶后，当阳面已着色良好时，用手轻托果实，将阴面转到阳面。如还有少部分未着色，5~6天后，再微转其方向，使其全面着色。转果时顺同一方向进行，否则，来回扭转，果柄易脱落，转果易在早晚进行，避开阳光暴晒的中午，以防日灼。

（四）铺反光膜

在除袋、摘叶等工序完成后，在树冠下，将反光膜铺好，可用瓦片压实，每幅两边各一块，防止刮风卷起。试验证明，铺反光膜可改善树冠下部1.5米左右的果实着色，尤其是萼洼朝上的内膛果实着色，提高果实全红率。

（五）树干绑草把

9月下旬在主干上绑草把诱杀红蜘蛛、食心虫等越冬害虫。

十、10月中旬至11月上旬果实采收期

1. 采收贮藏

根据果实的成熟度，按照市场需求分批进行采收。不马上出售的果实，采收后先要进行预冷，然后再放入冷库中贮藏。

2. 喷肥

果实采收后，为提高树体贮藏养分，每隔10天喷一次0.5%的尿素溶液，连喷3~4次。

3. 治虫

（1）消灭天牛　全园检查主干、主枝，如发现天牛为害，可用50%敌敌畏乳油50倍，用针管注射到为害洞内，再用棉花蘸上药液堵住虫孔。

（2）解草把　把9月上旬主干上绑的草把解下后，用火烧或深埋。

4. 秋季栽植

参见春季栽植。

十一、11月中下旬果树落叶期

（一）合理间伐

果园郁闭后，会带来光照恶化、通风不良、病虫滋生、低产劣质、难管理等问题，为了提高苹果产量、生产优质高档苹果，对已呈郁闭状态的密植苹果园，应积极进行改造，间伐是彻底改造郁闭果园的有效办法。首先确定永久性与临时性树行或植株，分清主次进行间伐。间伐时，注意保持要宽行，解决光路和通道问题。可隔行间伐，也可隔株间伐。

（二）树形改造

1. 控制树高，适时落头
树高超过2.8米时，在合适的分枝处落头。

2. 保持干高
按照开心形树的修剪要求，及时疏去距地面高度不足80厘米的主枝，改善果园的通风条件。

3. 疏枝缩冠
不用间伐的果园，可以进行疏枝缩冠。树体较小，行间空间较大时，大

冠型树形改造成自由纺锤形或细长纺锤形。疏除过多主枝、辅养枝。对干较大的树，进行疏大枝巧回缩。在花量较多、树势较稳、疏缩后产量和树势波动不大的年份，在采果后或休眠期时，进行疏枝缩冠。疏缩修剪原则是去密留稀，去长留短，去大留小，去粗留细，去旺留弱，去直向行间的，留斜向行间的，把果园覆盖率降到70%左右。

4. 控制旺长

树体旺长会带来虚旺的枝条满树，果园郁闭严重。控制树过旺生长，是防止密植果园郁闭的手段之一。控制旺长有补接矮化中间砧、高接短枝型品种使用生长延缓剂或抑制剂、对主干或主枝进行环割（剥）、挖沟断根及调控肥水等办法。

（三）清园

果树进入落叶后，要分批将枯枝、落叶、病果、僵果及时清除至园外，烧毁或深埋。

（四）病害防治

主要是检查刮治腐烂病、粗皮病等枝干病害，刮后及时涂药。常用的药剂有3%甲基硫菌灵糊剂、1.8%辛菌胺醋酸盐水剂、35%丙唑·多菌灵悬浮剂、1.6%噻霉酮涂抹剂、45%代森铵水剂等。腐烂病严重的果园刮治后，还应对全园细致地喷一遍45%代森铵水剂100倍液等。

第六章　葡萄周年栽培管理技术

一、11月上旬至3月上旬休眠期

（一）防止早霜为害

1. 选择耐寒性品种

选择生长期短、停止生长早的品种。

2. 选择合适的园地

建园时选择开阔地、山坡地。不要在峡谷地带、低洼地带建园。

3. 采取适宜的栽培技术措施

对经常出现早霜的园地，应提前下架，早做防冻准备，注意收听天气预报。必要时果园采取点火加热、开动鼓风机、熏烟等措施防止霜害的发生。

（二）下架埋土

下架埋土时间的总要求是在土壤结冻前适时晚埋。也就是说在气温已下降接近0℃时土壤尚未结冻以前埋土为宜。采用分次埋土法，第一次在枝蔓上盖上有机物，并覆上一层薄土；第二次在土壤开始结冻时，趁白天解冻后立即埋土至防寒所需的宽度和厚度。

埋土前应清园，将园内的枯枝、落叶、杂草清扫干净，集中烧毁或深埋。然后将葡萄枝蔓顺行向朝一个方向下架，一株压一株，顺直、捆扎。

土壤结冻后，在取土沟内灌封冻水，利用水结冰防止侧冻和提高防寒土堆内的地温。

（三）防止冻害

1. 选择抗寒品种

如欧洲种葡萄可耐-18～-16℃的低温，美洲种可耐-22～-20℃的低温，

第六章　葡萄周年栽培管理技术

欧美杂交种可耐-22～-18℃的低温。采取抗寒砧木嫁接苗栽培，不栽植自根苗。

2. 提高栽培技术水平

采取前促后控的栽培技术，促进枝芽成熟。前期多施氮肥，后期多施磷钾肥；前期多浇水，后期控制水；适当控制结果量；加强肥水；加强病虫害防治；适时采收等。

（四）架面修补

葡萄下架后对已松动的支架要重新固定；对已断或松散的铁丝要及时更新或拧紧，同时要彻底清除架面上残留的各种引缚物、枯枝、病果等，以确保下一个生长季正常地进行各种作业。

（五）葡萄的整形修剪

1. 修剪的时期

冬季修剪的时期一般从葡萄落叶后到第二年伤流期之前的整个休眠期均可进行。在我国北方冬季埋土防寒区最理想的修剪时期通常在葡萄正常落叶后2～3周到土壤封冻前进行，时间在11月上旬至12月上旬。

2. 结果母枝的剪留长度

结果母枝的剪留长度要依据品种特性、整枝形式、环境条件和栽培技术等因素进行考虑。

（1）整枝方式　不同结果母枝的剪留长度也不同。篱架扇形整枝要求以短梢修剪为主的长、中、短混合修剪；"V"字形架整枝以短梢为主，中梢为辅。

（2）品种特性　欧美杂交种以短梢修剪为主，欧亚种以中短梢修剪为主。一般生长旺盛，结实率低的品种适宜中长梢修剪。长势弱、结实率高的品种以短梢修剪为主，如红地球、瑞必尔、黑提等，留2～3个芽剪截；巨峰采用中梢修剪、长短结合的修剪方法。

（3）环境条件　在干旱和土壤较贫瘠的地方宜采用短梢修剪，相反在土、水、肥条件较好的地方宜采用短梢修剪为主的混合修剪，为防止结果部位外移可采用短梢修剪。

（4）枝条着生的部位及生长情况　着生在空间大的部位，枝条要适当采用中长梢修剪，以弥补空间；反之则采用短剪。另外，枝条长势强的长留，弱者短留。通常越粗壮的枝条花芽分化越好，萌芽率也高。如红提、黑提结果母枝的剪口粗度要达到1.2厘米，才会结出好的果实（0.8～1.4厘米）。巨峰剪口粗度为0.8厘米。

3. 结果母枝留枝数的计算方法

确定单位面积的留枝量，必须全面考虑品种、树势、肥水等综合因素。

亩留结果母枝数=计划产量（千克）÷［每母枝平均留果枝数×结果系数×平均穗重（千克）］。以红提篱架为例：计划产量为1 800千克，平均穗重为0.65千克，结果系数为1.5，每母枝平均留果枝数为1.5。其计算结果为：亩留结果母枝数=1 800/（1.5×1.5×0.65）≈1 231（个）。同时应增加10%～20%的留枝量，则实际上亩留结果母枝数1 500个左右。如果每亩为200株则每株留果枝数为7.5个，修剪时根据树势强弱适当多留或少留。

二、3月上旬至5月上旬萌芽到开花期

（一）出土上架

在冬季葡萄覆土防寒地区，当日平均气温稳定在10℃上时，也就是当地的山桃花开放时，或栽培品种杏的花蕾进入明显膨大期时，撤除防寒土，将葡萄枝蔓引缚上架。

在芽未萌动时应及时对多年生枝蔓进行刮树皮、喷药以防治越冬病虫害，促进新皮呼吸代谢，刮下的老皮应集中烧毁。同时在芽未萌动前喷3～5波美度的石硫合剂，如芽已萌动则喷1～3波美度石硫合剂。要均匀细致地喷布架材、枝干、地面。

（二）枝蔓引缚

老蔓引缚的时间最好在萌芽前，采用麻绳、塑料条等材料引缚。按枝蔓的空间、方向，采用猪蹄扣的方法将其固定。同时要根据架形的要求使枝蔓均匀地分布在架面上，对于强枝应加大结果母枝的开张角度，以抑为主；对于弱枝应缩小角度，以促为主；长的结果母枝应弯曲引缚，蔓与蔓之间的距离不应小于50厘米。

新梢引缚应在新梢长到30厘米以上时开始进行，同时要根据新梢长势的

强弱进行。生长势强的新梢顺铁丝拉平引缚；生长势中庸的新梢向上呈45°角倾斜引缚；生长势弱的新梢直立引缚；生长势过强的新梢通过扭枝或弯枝引缚。

（三）抹芽与疏梢

抹芽应分两次进行。第一次在萌芽初期进行，主要针对不留梢的部位（如50厘米以下的通风带、主干）以及三生芽和双生芽中的副芽。注意要留健壮芽，且遵循稀处多留、密处少留、弱芽不留的原则。第二次在第一次抹芽后10天左右，对萌发较晚的弱芽、无生长空间的夹枝芽、靠近母枝基部的瘦弱芽、部位不当的不定芽等，应视空间的大小和需枝的情况进行抹芽。

疏枝在展叶后20天左右开始，此时新梢长至10～20厘米，应选留花序发育好的粗壮新梢，除去过密枝和弱枝。一般情况下，母蔓上每隔10～15厘米留一新梢，结果枝与发育枝的比为1：3，总的原则是树势强的多留枝，树势弱的少留枝，架面空的多留枝，架面密的少留枝。

（四）疏花序与花序整形

疏花序时应在新梢上能辨明花序的多少和大小时，越早进行效果越好，在开花前10～20天开始至始花期完成。通常，树势强、易落花落果的品种，适当晚疏花序；树势偏弱、坐果较好的品种，在能辨明花序的多少和大小时，疏花序时间越早进行，效果越好。总的原则是壮枝留1～2个花序，中庸枝留1个花序，弱枝不留花序。

花序整形与疏花序应同时进行，一般要求在始花期时完成，总的原则是弱树宜早，旺树宜晚。花序整形原则是副穗和歧肩全部除去，保留花序中部的部分，对花序上部分枝梗较长的要剪去一部分，留下的枝梗如果过长可以剪去1/3～1/2，花序先端如果较长应掐去花序全长的1/5～1/4，整形后的穗长应保持在8～12厘米。

（五）新梢摘心

结果新梢摘心应在开花前3～5天或初花期（约5%花蕾开放）进行，摘去小于正常叶片1/3大小的幼叶嫩梢。通常每梢在花序上留7～8片叶摘心，强梢适当多留叶，弱梢适当少留叶。如巨峰在花序上留4～5片叶摘心、维多利亚在花序上留6~7片叶摘心。对于开花坐果好、易造成超量结果现象的，结果枝的摘心应在开花后即落果期进行，如红提、黑提可以留10片叶摘心。

发育枝摘心可在新梢上留12片叶左右摘心。

（六）防止晚霜应注意收听天气预报，做好预防措施。

1）通过灌水降低地温推迟萌芽。

2）晚霜来临时，采取果园加热、烟熏等方法，防止晚霜。

3）在霜冻来临前1~2天，应全树喷布防冻剂，如使用康福宝1 500倍液或天达2116等防冻剂。

（七）肥水管理

萌芽前追肥浇水期应施入以氮肥为主的肥料。亩施入尿素30千克，并配施适量的磷肥。施肥深度10厘米左右，施肥后及时灌水。

花前追肥浇水，在开花前7天左右应施入以磷肥为主的复合肥。亩施入磷酸二铵15千克，施肥深度20厘米左右，施肥后及时灌水。

萌芽后视树体生长情况，每隔10~15天喷一次叶面肥。可以用0.3%的尿素+0.3%的磷酸二氢钾。

（八）病虫害防治

1）萌芽至展叶期，主要防治黑痘病、白腐病、炭疽病等病害以及蓟马、绿盲蝽等害虫。可以用40%氟硅唑8 000倍液+10%联苯菊酯1 500倍液。

2）展叶后，视天气及病害情况，交替使用保护性杀菌剂与治疗性杀菌剂，前后间隔10~15天。保护剂有80%代森锰锌800倍液，75%百菌清600~700倍液，70%丙森锌600倍液，68.75%噁酮·锰锌1 200~1 500倍液等；治疗剂有30%醚菌酯、10%苯醚甲环唑、25%嘧菌酯、50%烯酰吗啉、70%甲基硫菌灵、3%多抗霉素、50%多菌灵、40%氟硅唑；复配剂有60%唑醚·代森联、72%霜脲·锰锌、66.8%丙森·缬霉威等。

3）开花前，病害主要防治黑痘病、霜霉病、穗轴褐枯病等，虫害主要防治蓟马、绿盲蝽等害虫。可用60%唑醚·代森联1 500倍液+10%联苯菊酯1 500倍液，或者用70%甲基硫菌灵1 000倍液+80%代森锰锌800倍液+10%高效氯氰菊酯1 000倍液，或者用50%多菌灵600倍液+75%百菌清600倍液+10%联苯菊酯1 500倍液。

三、5月上旬至5月下旬开花结实

（一）花期喷硼

在初花期和盛花期各喷一次0.2%硼砂提高坐果，间隔一周左右。

（二）促果膨大

花后10天左右，用10～15毫升/升氯吡脲的混合液浸沾果穗或者使用赤霉酸（奇宝）1克配30千克水，间隔15天左右再处理可促进果实膨大。

（三）追肥浇水

花后15天左右亩追肥高磷、中钾、低氮的复合肥20千克，促进果实膨大和枝条的生长发育，追肥后及时浇水。同时结合喷药加入0.3%的磷酸二氢钾或者用0.2%稀土微肥。

（四）病虫害防治

花后10天左右主要防治霜霉病、白腐病、黑痘病、炭疽病等病害。可用50%啶酰菌胺1 000倍液+25%吡唑醚菌酯1 000倍液+70%吡虫啉5 000倍液，或66.8%丙森·缬霉威600倍液+42.8%氟吡菌酰胺·肟菌酯2 500倍液+10%联苯菊酯1 500倍液，或68.75%噁酮·锰锌1 500倍液+40%氟硅唑10 000倍液，或40%氟硅唑10 000倍液+75%代森锰锌800倍液，或70%甲基硫菌灵1 000倍液+80%代森锰锌800倍液。

四、6月上旬至10月中旬早熟果果实采收花芽分花期

（一）疏果穗

疏果穗在稳定坐果后越早进行效果越好。树势强、栽培水平高、肥水条件好的多留果穗；树势弱、肥水条件差的少留果穗。一般情况下首先除去果粒过稀、过密的果穗，选留果粒适中的果穗。也可以根据叶片数留果穗，如巨峰15～20片叶可留一穗果，25片叶以上可以留两穗果。红提留一个穗果至少需要45片以上叶。

（二）疏果粒

疏粒通常要求在盛花后30天左右完成，主要疏除小僵果、畸形果、病虫果。通常分为除去小枝梗和果粒两种方法。对于过密的果穗要适当除去部分枝梗，以保证果粒增长的空间；对于每一枝梗中所留的果粒数，通常果穗上部多留一些，下部适当少留一些。如巨峰的疏粒方法是：首先剪去上部较大的枝梗，选留果穗中部的枝梗，果穗上部留4个枝梗，每枝梗留3～4粒，中部留5个枝梗，每枝梗留2～3粒，下部留4个枝梗，每枝梗留1～2粒，先端的部分剪去，最后留下的果穗长约10厘米，果粒数为30～35粒；如红提的疏粒方法是：首先剪去歧肩和较大的副穗，选留果穗中部的枝梗，果穗上部留5个枝梗，每枝梗留4～5粒，中部留6个枝梗，每枝梗留3～4粒，下部留5个枝梗，每枝梗留2粒，先端部分剪去，留下的果穗长15厘米左右，果粒数为50～70粒。

（三）果实套袋

首先要选用白色、透明、浸过杀菌剂优质的葡萄专用纸袋。在葡萄生长到黄豆粒大小时进行套袋，套袋前用配好的药剂细致地浸沾果穗。可以用75%肟菌戊唑醇3 000倍液+40%嘧霉胺800倍液+68.75%氟菌·霜霉威600倍液（或啶酰菌胺1 000倍液+吡唑醚菌酯2 000倍液），或用70%甲基硫菌灵1 000倍液+68.75%噁酮·锰锌1 000倍液，或用40%氟硅唑8 000倍液+80%代森锰锌800倍液，也可用70%甲基硫菌灵1 000倍液+80%代森锰锌800倍液。注意套袋时纸袋要吹膨胀起来，袋口绑在果穗梗基部，要扎紧，果穗悬在袋中央，纸袋下部的通气孔要打开。

（四）副梢处理

1.副梢的处理

结果副梢的处理是对顶端的一两个副梢留3～4片叶反复摘心，果穗以下的副梢从基部抹除，其余副梢留1片叶"绝后摘心"；营养枝上的副梢处理是除了利用副梢培养结果母枝外，还可以利用它压条繁殖和进行二次结果；在副梢处理的同时，要及时摘除卷须，在果实成熟前30天，要及时摘除果穗下部的老叶。

第六章 葡萄周年栽培管理技术

2.利用副梢进行二次结果

利用冬芽进行二次结果，开花期间，在主梢花序上留6~7叶摘心，同时抹除全部副梢，刺激摘心点下面的冬芽萌发。利用夏芽进行二次结果，在主梢花序开花前15~20天，在主梢花序上夏芽尚未萌动的地方对主梢摘心，同时抹除下部已萌动的夏芽副梢，使养分集中流向顶端1~2个夏芽中，促使其带有花序。

（五）增色增糖

在果实转色期，喷0.3%的磷酸二氢钾或者使用0.3%的稀土微肥。

花后20~25天对主干和主蔓进行环状剥皮，环剥口下要留1~2个分枝，也可促进果实上色和增加含糖量。

（六）早熟果采收

采收指标可以根据品种特性，从外观、颜色、口感、风味和甜酸度上来判断。

采收时间在晴朗的早晨露水干后进行，切忌在雨后、雨天或炎热天下进行采收。

（七）土肥水管理

在果实转色期，亩追施高钾、中磷、低氮的复合肥25千克。同时结合喷药加入0.3%磷酸二氢钾或者0.3%光合微肥或者0.3%稀土微肥，促进果实的生长和着色。

（八）病虫害防治

1）防止早期落叶，要及时浇水，树体要通风透光，加强病虫害防治。

2）防止日灼病，夏剪时果穗附近要多留叶片，加强排水，增施有机肥，减少氮肥的用量。

3）防止生理裂果，注意要及时调节土壤水分，旱时要浇水，涝时要排水，同时要合理留果，加强病虫害防治，后期减少氮肥的使用。

4）幼果膨大期主要防治白腐病、霜霉病、白粉病、黑痘病等。防治果实和叶部病害，可以使用保护性杀菌剂，如80%代森锰锌800倍液、75%百菌清600~700倍液、70%丙森锌600倍液。园内如果突发霜霉病，且降雨偏多，需立即有效控制，间隔5～7天喷施1次，连续喷施3次。可选择50%多·福500倍液+丙森锌600倍液，或52.5%噁酮·霜脲氰1 500～2 000倍液，与上面的保护剂混合使用。上述各种药剂应交替使用。

5）封穗至转色期主要防治白腐病、褐斑病、霜霉病、炭疽病等病害。转色期是防治灰霉病和酸腐病的关键时期，也是整个葡萄病虫害防治的关键时期。

在灰霉病发生严重的地区，除选用幼果膨大期防治药剂外还应加上防治灰霉病药剂。可选用40%嘧霉胺1 000～1 500倍液或50%啶酰菌胺1 000倍液。

6）着色增糖至成熟期主要防治炭疽病、白腐病、褐斑病等病害。可以使用70%的甲基硫菌灵1 000倍液+80%代森锰锌800倍液或者40%氟硅唑8 000倍液+50%多·福500倍液，如果有霜霉病发生应加入防治霜霉病的药剂。

五、10月下旬果实采收前后养分贮藏积累期至落叶期

（一）秋施基肥

秋施基肥可以根据枝条基部1～3片叶的叶色来决定施肥时期，如果叶色开始转黄，应及时补氮肥，如叶面喷施0.3%尿素，同时在果实采收的后期或采收后施基肥。也就是在9—10月中旬之间进行。施基肥的深度一般是50厘米深、50厘米宽，挖沟时不要切断直径1厘米以上的根系，亩施入优质农家肥3 000～4 000千克，同时配施适量的氮肥，亩施入尿素15千克。采取一层土一层肥回填搅匀并浇水。

（二）叶面喷肥

在果实采收后，即10月上中旬，应连续喷0.5%、0.7%、1%的尿素3次，以增加树体的营养积累。中间间隔5天左右。

（三）病害防治

果实采收后应加强病害防治，主要防治白粉病、褐斑病、霜霉病等病害。可以使用1：0.7：200波尔多液，防止早期落叶，增加树体营养，减少越冬菌源。

（四）清园

落叶后要及时清除枯枝、落叶、杂草，以减少越冬菌源。

第七章 酥梨周年栽培管理技术

一、12月上旬至3月上旬休眠期

（一）冬季修剪

1. 梨树常见的几种主要树形

（1）小冠疏层形 适于亩栽33～55株低密度园。其树体结构是：主干高60厘米，树高3.5米左右，冠幅3～3.5米。第一层主枝3个，层间距30厘米；第二层主枝2个，层间距20厘米；第三层主枝1个。第一层与第二层间距80厘米，第二层与第三层间距60厘米，主枝上不配侧枝，直接着生大、中、小型结果枝组。

（2）自由纺锤形 适于亩栽66～95株的中度密度园。其树体结构是：主干高80厘米左右，主枝8～10个，向四周交错延伸；主枝间距20厘米左右，开角70°～90°，同方位主枝间距要求大于50厘米，主枝长100～200厘米，下层主枝大于上层，在主枝上直接培养中、小型结果枝组，树高2.5～3.5米。

（3）单层高位开心形 适于亩栽55～83株的中高密度园。其树体结构是：主干高70～80厘米，树高3～3.5米，中心主枝顶部距地面1.6～1.8米。在中心主枝上均匀地排列着枝组基轴或枝组，基轴长约0.3米，每个基轴分生两个长放枝组，加上中心干上无基轴枝组全树共10～12个长放枝组，全树只有一层，最终叶幕厚度2～2.5米。

2. 冬季修剪要点

主要是剪去枝条或锯除大枝，使其适合于树形培养，扩大树冠，培养结果枝，或者更新老树，给辅养枝做改造大手术等。

（1）幼树期　定干高度1米，幼树期以短截为主，并进行刻芽，促生健壮分枝，辅以弱枝生长。

（2）初果期　修剪以放为主，只对生长过壮或细弱枝组进行不同程度的回缩，以调节长放枝组间的长势，防止细弱枝组基部光秃。

（3）盛果期　修剪是缩放结合，以缩为主，保持一定的生长势，防止长放枝组基部的小型结果枝组衰弱，确保连年结果。

（4）更新复壮期　全树的更新一般需2～3年完成。修剪以回缩为主，注意各类多年生枝条和枝组的更新复壮，尽量维持产量。

（二）伤口保护

为了防治病菌感染，促进伤口愈合，应对剪、锯口直径在1厘米以上的大伤口进行涂药保护，常用的保护剂配有伤口愈合剂或豆油蓝矾石灰合剂。豆油蓝矾石灰合剂制作方法：蓝矾（硫酸铜）粉1份、生石灰0.5份，将二者放入煮沸的豆油内，充分搅拌成糊状，冷却后即可使用。

（三）清园

结合冬剪，疏除病虫枝，摘除病虫果，清扫落叶、落果，并对全树喷施一遍如代森铵、多硫化钡等铲除剂进行清园。

（四）重刮皮

对于成龄大树，在早春2月将粗老翘皮刮除，不仅利于树皮的生长，而且还能消灭潜伏在老皮裂缝中的越冬病菌、害虫及虫卵，减轻来年病虫害。忌刮得过深，伤及木质部，刮下的老皮要集中烧毁或深埋。

（五）树干涂白

在早春对梨树树干涂白，一方面可以防治病虫害，另一方面可以减弱树干吸收太阳的辐射热，预防日灼，减轻晚霜危害。涂白剂的配方：水10份，生石灰3份，石硫合剂原液0.5份，食盐0.5份，油脂少许。先化开石灰，倒入油脂充分搅拌，再加水搅拌成石灰乳，最后放入石硫合剂和盐。

二、3月中旬至下旬萌芽期

（一）清园喷药

继续清除梨园内枯枝、落叶、杂草和病僵果，刮除病斑。并在芽膨大期，全园细致地喷一次5波美度石硫合剂。黑星病严重的梨园可改喷40%氟硅唑8 000倍液或45%代森铵水剂1 000倍液；梨木虱、梨二叉蚜、梨黄粉蚜为害严重的梨园可喷35%氯虫苯甲酰胺亩用10克或0.3%苦参碱600倍液，连喷两次。

（二）追肥浇水

追施全年追肥量的1/3，以氮肥为主，追肥后及时进行浇水。

（三）花前复剪

对于冬季修剪不到位、留花量过多的树在开花前进行修剪，可以调节花量，补充冬剪的不足。但春季树体内贮存的养分已经上运，芽已萌动，不宜修剪过重，否则会削弱树势。

（四）高接换种

对于品质低劣、不适应市场需求的品种，采用多头枝接法高接优良品种。

（五）梨园生草

整平梨树行间，条播或撒播白三叶或红三叶草种，可以改善梨园小气候环境，弥补有机肥的不足，提高梨的外观和内在品质。具体的生草技术参见第五章苹果周年栽培管理技术。

（六）栽植

按地形、地势的走向，合理规划，选择优良品种，根据品种的特性选用合理的密度进行栽植。梨的优良品种有：砀山酥梨、红香酥梨、绿宝石、早酥梨、黄金梨、水晶梨等。

三、4月上旬至中旬开花期

（一）人工授粉

缺少授粉树或授粉不足的梨园或坐果率低的品种，应因地制宜进行人工授粉或插花枝、果园放蜂等提高坐果率。

（二）叶面喷肥

花期结合人工授粉，喷施0.3%硼肥+少量葡萄糖，促进坐果。

（三）疏花

当花蕾分离能与果台枝分开时，将花朵疏掉保留果台枝。疏花应着重在花芽过多的弱枝和需要当年成花的枝组上进行。

（四）巧防病虫

花期是梨大食心虫、梨茎蜂、金龟子等害虫为害期，可通过摘除梨大食心虫为害的虫果和梨茎蜂为害的虫梢，也可以在树上挂黄板诱杀梨茎蜂和蚜虫，并在花期振树，捕杀金龟子进行防治，结合花期管理，发现梨黑星病病梢及时摘除并烧毁。

（五）防霜冻

除加强肥水管理增强梨树抵抗力外，还可通过花前灌水、树干涂白、熏烟等措施进行防霜冻。结合树冠喷布防冻剂如抑芽丹（青鲜素）、天达2116等。

四、4月下旬至5月中旬新梢生长期幼果期

（一）定果

按枝果比（3～4）:1和叶果比（25～30）:1进行疏果，合理负载，适量留果。疏除病虫果、畸形果、小果和无果台副梢果等，选留果柄粗壮、果形长、果面洁净、果个较大、萼端紧闭而不突出的幼果。

（二）追肥浇水

此期是梨树多器官养分竞争期，是需水临界期，对肥水要求较高，适时

追肥浇水，有利于防止落果，促进幼果发育和新梢生长。追肥以尿素为主。

（三）夏季修剪

适当疏除影响树体生长发育的徒长枝、竞争枝，并通过拉枝变向等方法缓和树势，促进花芽形成。

（四）果实套袋

盛花后30～45天内完成。选用优质果实袋如海河牌防虫袋、新科袋等进行套袋，套袋时要注意将果实袋绑在近果台处的果柄上，使梨幼果悬空在袋内，以防纸袋摩擦果面出现锈斑。套袋前要根据病虫害的发生情况喷施一次药，待药剂干后立即进行，3～4天全部套完。

（五）病虫防治

此期是梨木虱第1代若虫大量孵化期，也是梨星毛虫开始卷叶为害、梨实蜂蛀食幼果、茶翅蝽大量出蛰和梨象甲啃果产卵的高峰期。可于清晨进行人工振树，捕杀害虫，摘除虫叶、虫果，收集落地虫果，集中烧毁深埋等，并配合树上喷药，将害虫消灭在暴发之前。可选喷35%氯虫苯甲酰胺（或其他双酰胺类杀虫剂）亩用10克，或22.4%螺虫乙酯悬浮剂4 000倍液+1.8%阿维菌素乳油1 500～2 000倍液。病害主要有梨黑星病、轮纹病等，要及时摘除病梢、病叶、病果，并在花后每15～20天喷一次杀菌剂，内吸性杀菌剂有苯醚甲环唑、氟硅唑、戊唑醇、烯唑醇、腈菌唑、甲基硫菌灵、多菌灵等，保护性杀菌剂有代森锰锌、丙森锌、代森联等，内吸性杀菌剂和保护性杀菌剂要交替使用。

五、5月下旬至6月下旬新梢生长期花芽分化期

（一）夏季修剪

主要是夏剪促花，方法有拉枝缓放、捋枝变向、拿枝软化等。5月下旬至6月上旬，可在旺枝上进行环切、环剥等手术，促进成花。

（二）病虫防治

此期是梨木虱、梨二叉蚜、梨大食心虫、梨小食心虫和梨象甲为害的

高峰期，也是梨黑星病大发生初期，除摘除梨大食心虫、梨象甲为害的幼果和梨黑星病为害的病梢、病果，集中烧毁外，还可利用糖醋液诱杀梨小食心虫，并结合树上喷药防治梨木虱、梨二叉蚜和梨黑星病、黑斑病等。

六、7月上旬至8月中旬果实膨大期

（一）追肥浇水

果实膨大需要大量的水分和养分，如果此期水分不足，会严重影响当年产量，也不利于花芽分化，追肥以磷钾肥为主，少施或不施氮肥，追肥后及时浇水。

（二）除草压肥

进入7、8月，降雨频繁，杂草生长旺盛，要及时除草压肥，这样不但能减轻病害的传播蔓延，而且有利于提高果园土壤有机质含量。

（三）叶面喷肥

叶面喷施磷肥、钾肥，可显著增大果个，连喷2~3次，间隔7~10天。

（四）夏季修剪

通过疏枝、拉枝等技术，为梨园营造良好的通风透光条件，提高树体的光合强度，促进果实膨大。

（五）防治病虫

果实膨大期是梨黑星病暴发期，也是轮纹病、黑斑病、炭疽病和褐斑病等病害的大发生期，故应密切注意病情预测预报，预防为主，防治结合。雨前喷保护性杀菌剂，雨后喷内吸性杀菌剂。此期，梨木虱、梨大食心虫、梨小食心虫、梨网蝽等害虫也进入为害高峰期，要注意加强防治。

七、8月下旬至9月上旬果实成熟期

（一）叶面喷肥

果实进入成熟期，对磷肥、钾肥的需求量开始增大，及时进行叶面喷布磷酸二氢钾和稀土微肥，可显著改善果实外观品质和内在品质。

（二）吊枝

对于结果多的枝，为了防止果多，把枝压断，要用带杈木棍把枝撑起或吊起。

（三）秋季修剪

主要清除内膛过密枝，拉枝开张角度，改善树体光照条件，提高果实品质。

（四）防治病虫

临近采收喷药时要注意喷布不污染果面、毒性小、残留量低的农药。

八、9月中旬至下旬果实采收期

（一）采收

根据果实的成熟度、用途和市场需求进行采收。套袋梨采收时连同纸袋一起采收，不需要摘袋。

（二）叶面补氮

果实采收后，叶面尚有一定的光合能力，为了增加翌年树体养分的贮藏能力，提高叶片的光合强度，可在果实采收后连喷2~3次0.5%尿素溶液。

（三）秋施基肥

果实采收后至落叶前要进行秋季施肥，以有机肥为主，混合少量氮肥，平均亩施3 000~5 000千克有机肥，施肥方法以沟施或撒施为主，施肥部位在树冠投影外围。

（四）树形改造

对已呈郁闭状态的密植梨园，应积极进行改造，间伐是彻底改造郁闭梨园的有效办法。首先确定永久性与临时性植株，分清主次，进行间伐。间伐时，注意保持要宽行，解决光路和通道问题。可隔行间伐，也可隔株间伐。

不用间伐的果园，可以进行疏枝缩冠，适时落头。疏除过多主枝、辅养枝。对于较大的树，进行疏大枝巧回缩。在花量较多、树势较稳、疏缩后产量和树势波动不大的年份，在采果后或休眠期时，进行疏枝缩冠。疏缩修剪原则是去密留稀，去长留短，去大留小，去粗留细，去旺留弱，去直向行间的，留斜向行间的，把梨园覆盖率降到70%左右。

（五）束草诱虫

采收前于树干上束草，可引诱梨小食心虫、梨木虱、梨星毛虫、叶螨类害虫潜伏越冬和梨黄粉蚜产卵。

九、10月上旬至11月下旬落叶期

（一）清园

落叶后及时清除地面落叶、落果和杂草，集中烧毁或深埋。

（二）秋季栽植

同春季栽植一样。但秋季栽植要注意埋土防寒，防止幼树冻死。

（三）假植

不进行秋季栽植的树苗，要进行假植。在庭院背风向阳干燥处，挖假植沟进行假植，待第二年春天再进行栽植。

（四）解除草把

落叶后解除树干束草把，及时烧毁或深埋。

（五）捕杀椿象

利用椿象喜欢潜伏背风向阳的墙缝、砖缝和房檐等处越冬的习性，可在秋季于果园背风向阳房舍、高墙处悬挂麻袋或牛皮纸袋等诱杀。

（六）浇封冻水

11月下旬，上冻前浇封冻水，不仅利于梨树安全越冬，而且还利于肥料的腐烂熟化。

第七章 酥梨周年栽培管理技术

第八章 冬枣栽培管理技术

一、园地选择与栽植

（一）环境条件

1. 温度

冬枣树为喜温树种，生长发育对温度要求较高，比其他树种萌芽晚，日平均温度达到13～14℃时才开始萌芽，18℃以上枝条迅速生长，并进行花芽分化；日均温达到21℃以上才开花，22～25℃达到盛花期。花期适温为20～27℃。果实生长期要求25℃以上温度。如积温不足，结果少，果实不能完全成熟，干物质积累少，果实品质不佳。温度达到20～25℃时根系进入旺盛生长期。

2. 水分

冬枣树抗旱能力强，且耐旱、耐涝。在丘陵山区生长的枣树没有灌溉条件也能正常生长结果，但要获得丰产稳产还是需要进行适当灌溉。

冬枣树生长对水分要求不严，但在花期需要一定的空气湿度，湿度不足影响受粉受精，导致落花落果严重。7—8月有适当降雨，有利于果实的生长发育及根系的生长。在果实进入着色期以后下雨，易出现裂果，尤其是连阴雨天气会导致大量裂果腐烂。

3. 光照

冬枣树属喜光树种，如光照不足，会严重影响枣的坐果和果实品质。一般在树冠外围或向阳方向的枝条结果多、品质好，内膛坐果少、品质差。因此，在生产上要调整好树体结构，保证树体通风透光。阴雨连绵、光照不足也是造成落果的重要原因。

4.土壤

尽管枣树耐盐碱、耐瘠薄能力强，但在土壤pH值5.0~8.5范围内、土层深厚、盐碱含量低的肥沃土壤上生长健壮，产量高，品质好。当含盐量高时，根系生长变差，树体出现衰弱，产量降低。因此在瘠薄土壤上发展枣业时，应当深翻扩穴，客土施肥，增加土层厚度。在盐碱地上种植冬枣，要采用盐碱改良剂等措施压盐排碱，改良土壤，减少盐碱对枣树的不良影响，提高枣树栽植成活率，为实现丰产稳产优质高效奠定基础。

5.风

枣树抗风能力较强，但发展枣树时应当避开风口。风对枣树有两个时段危害较大：一是花期，花期风大，影响蜜蜂传粉，受粉受精不良，如遇干热风枣田湿度下降，导致焦花，造成大量落花落果；二是果实进入白熟期以后，此时果实基本长成，遇5级以上大风，会造成严重落果。因此在经常有风的地方建园，要配置好防风林带。

（二）冬枣种植园地的选择

园地选择的基本原则：选择光照充足、土层深厚、水分条件好的枣田，山区枣田应选择阳坡，避开风口。

（三）冬枣树的栽植

1.冬枣的品种

冬枣是一个鲜食品种，目前我国冬枣有两个品种：第1代冬枣、第2代冬枣。运城市现在种植的基本上均为第1代冬枣，只有少数的第2代冬枣引进。

2.冬枣的砧木

冬枣砧木通常有两种：一是酸枣苗，二是枣树的根蘖小枣苗或大枣苗。经过多年的实践证明，通常选用枣苗和根蘖苗作为砧木进行嫁接育苗。

（四）栽植密度

根据冬枣树栽植密度不同，分为密植和稀植。

1.稀植

稀植一般株距为2米，行距为3米，亩栽111株。

2. 密植

密植一般株距为0.5～1米，行距为1～3米，亩栽200株。密植栽培具有丰产、早见效、效益高等特点。

（五）栽植技术

1. 苗木选择

选择根系发达、基部直径在1.2厘米以上的一级苗和特级苗。

2. 栽植时期

冬枣树的栽植时期一般分为秋栽和春栽。

3. 栽植方法

栽植之前，根据栽植密度，采用白灰、木棍或竹竿等标好定植点。密植枣田也可以顺行挖成条状沟。定植穴要求直径和深度均不小于0.8米。挖定植穴时将表土与底土分开放置，条状沟的宽度和深度也要均在0.8米左右。

栽植时先将有机肥与表土拌匀后，取一多半填于坑内，使中央呈顶状。放置枣苗，让枣苗根系在丘面上分散开，再填入余下的表土。最后填入心土，用脚踩实。苗木埋到其原来的根茎处，不宜栽植过深或过浅。栽后灌一次大水，一定要灌透。等水渗下去后，平整树盘，以定植点为中心覆盖1米^{2}的地膜，地膜边缘要用土压实，以防大风吹开。或者顺行铺一层1米宽的地膜。

4. 栽后管理

当新枣头长到10～15厘米时，可以追肥一次，每株追施磷酸二铵0.05～0.1千克；对于高密枣田每亩追施20～30千克。隔一个月再追施一次。每次施肥后要及时灌水。发现死株，要及时补栽。

注意及时进行中耕除草，防止草荒。同时要注意防治病虫害，主要害虫有枣瘿蚊、绿盲蝽、枣尺蠖、红蜘蛛等。

二、土肥水管理

枣树具有抗旱、耐涝、耐盐碱、耐瘠薄等特点，适应能力很强。但是为了实现枣树的早实、丰产、稳产和优质，必须加强土肥水管理，为枣树提供良好的地下生长环境，满足枣树对养分和水分的需求。

（一）土壤管理

枣田土壤管理的目的是改善土壤的理化性状，增加有效土层厚度，保持和增进土壤肥力，使枣树的根系充分扩大，分布既深又广，从土壤中吸收更多的水分和养分，满足枣树生长发育的需要。

1. 枣田的土壤改良

对于盐碱严重的枣田，要采用工程措施，挖好排碱沟，压碱排盐，降低地下水位。也可以使用盐碱改良剂，减少盐碱的危害。

2. 土壤深翻

枣田土壤深翻的方法主要有两种。一是扩穴深翻，即在栽后第二年开始，从定植穴边缘开始逐年或隔年向外开环状沟，每次也可以翻半环，直至枣田土壤全部翻完为止。环状沟宽度一般为40～60厘米。二是行间深翻。即在树盘外围一侧顺行挖条状沟深翻，沟宽一般为40～60厘米，树盘两侧轮换深翻，逐次向外扩，直至全园深翻一遍。

3. 刨树盘

在秋末冬初或早春，将树盘下的土壤刨开，深度20厘米左右。目的是除去萌蘖和杂草，增厚活土层，改良土壤，通过低温冻死或鸟食，消灭地下越冬害虫。

4. 中耕除草

通过中耕清除杂草和根蘖，使土壤疏松，减少土壤蒸发、保护墒情，促进土壤微生物活动，增加土壤肥力。中耕深度一般为5～10厘米。

5. 枣田覆草

在树冠下或全园覆盖杂草、作物秸秆、绿肥等，覆盖物厚度一般为20厘米左右。覆草一般在枣树萌芽前进行，亦可在生长季进行。枣田覆草可以防止雨水冲刷，防止阳光直射地面，减少土壤水分蒸发，抑制杂草生长，稳定地温；有利于土壤微生物活动，增加土壤肥力。

6. 间作绿肥

枣田间作绿肥，通过翻压绿肥，可以提高土壤有机质含量，改善土壤理化性质，增加土壤肥力。用绿肥覆盖枣田，起到枣田覆草的效果。适合枣田的绿肥有绿豆、苕子、豌豆等。

7. 枣粮间作

枣树具有萌芽晚、落叶早、枝疏叶小、根系分布稀疏等特点，与农作物

间作时，两者在肥水和光照方面的矛盾相对较小。枣粮间作切忌选择高秆作物，否则枣树光照不良，影响生长和结果。不宜间作生长周期过长、根系分布较深作物，如苜蓿、草木樨、甘薯、山药等。要注意防治病虫害，如枣棉间作时，棉铃虫、红蜘蛛和绿盲蝽都必须加强防治。同时，还必须给枣树留足营养带，幼树时一般营养带大于0.8米，随树龄增大，营养带随之加宽，一般为1.2～1.5米。

在我国华北，主要是枣麦间作、枣棉间作、枣豆间作（豇豆、绿豆、黄豆等），枣菜间作（主要有黄花菜、芦笋、萝卜、马铃薯、洋葱、大蒜、白菜、韭菜、甘蓝、菠菜、西葫芦等）、枣油间作（主要有花生、油菜等）、枣药间作（常见种类有沙苑子、地黄、桔梗等）。间作玉米、油菜等作物时，应在行距大的枣田进行。枣粮间作园每亩收益一般比纯农田高1～3倍。

（二）施肥

土壤肥力的高低和枣树生长结果的好坏密切相关。施肥的种类和数量对枣树的产量和果实品质有很大影响。根据肥料的种类和用途，枣树施肥分为基肥和追肥。

1. 基肥的施用

基肥主要以有机肥为主，常掺入适量速效氮、磷肥。有机肥料是一种完全肥料，它含有枣树必需的各种营养元素。施用有机肥可以改善土壤理化性状，有利于土壤有益微生物的活动，可以促进土壤中难溶性养分的释放，有利于枣树对这类养分的吸收利用。有机肥料在施用之前，需要经过腐熟过程。如果不经腐熟，直接使用，有机肥会在地下腐熟，烧伤根系，严重时导致树体死亡。

（1）基肥的施用时期　基肥施用时期以采收前后至落叶前较适宜。如果秋季未来得及施入，应在第二年春天土壤解冻后尽早施入。基肥的施用最好结合土壤深翻进行。

如果在秋施时施得较早，此期枣树根系活动仍较旺盛，地温也较高，有利于断根伤口的愈合，基肥中的速效氮、磷等元素可以被根系吸收，有利于增强叶片的光合效率，延长光合时间，从而提高树体贮藏营养。秋施基肥，有机肥在翌年可较早发挥作用，为枣树早春根系活动、萌芽、枝叶生长、开花坐果及时供应养分。为了提高产量，尤其是改善品质，在枣树上一定要重视以有机肥为主的基肥的使用。

（2）基肥的施用量　枣树基肥的施用量，与树龄、栽植密度、土壤肥力、有机肥的种类等因素有关。根据各地丰产园的施肥经验，枣树基肥的施用量为每生产1千克鲜枣需施用2千克优质有机肥。一般来说，密植园和成龄枣田每亩施用优质鸡粪3～4米^3。如果施用土杂肥，可以施用5～6米^3。

2. 追肥的施用

追肥一般为速效化肥。速效化肥一般仅含一种或少数几种营养元素，属于不完全肥料，肥效快、肥效短，易随水流失。

（1）常用追肥类型

①氮肥。主要为尿素、碳酸氢铵、硫酸铵等。

②磷肥。磷肥主要有过磷酸钙、重过磷酸钙、氨化磷酸钙、钙镁磷肥、硝酸磷肥等。

③钾肥。主要有硫酸钾、氯化钾、钾镁肥等。氯化钾、硫酸钾易溶于水，也属生理酸性肥料。

（2）追肥施用时期　何时追肥主要根据枣树物候期、化肥种类和性质而定。枣树追肥主要在以下4个时期进行。

①萌芽前。在萌芽前追肥能使枣树萌芽整齐，促进枝叶生长，有利花芽分化。此期追肥以氮肥为主，适当配合磷肥。

②开花前。开花前追肥可促进开花坐果，提高坐果率。此期追肥也以氮肥为主，配以适量磷钾肥。

③幼果期。此期是在落花后，大部分幼果开始发育的时期进行追肥。作用是促进幼果生长，避免因营养不足造成大量落果。此期氮、磷、钾肥配合施用。

④果实膨大期。果实膨大期追肥可促进果实膨大和糖分积累，提高枣果实品质。此期以磷钾肥为主，磷、钾、氮配合施用。

（3）追肥施用量　追肥用量与树龄、树势、产量、土壤肥力、土壤类型等有关。树龄小，追肥用量小；树龄大，施用量就大。土壤保肥能力差，就需要多次少施。目前，枣树追肥施用量主要是靠丰产园的施肥经验来确定。对于成龄大树，萌芽前每株追施尿素0.5～1.0千克、过磷酸钙1.0～1.5千克；开花前每株追施磷酸二铵1.0～1.5千克、硫酸钾0.5～0.75千克；幼果期每株追施磷酸二铵0.5～1.0千克、硫酸钾0.5～1.0千克；果实膨大期每株追施

磷酸二铵0.5～1.0千克、硫酸钾0.75～1.0千克。幼树的施用量相应减少。

（4）叶面喷肥　叶片具有吸收养分的功能，通过叶片喷施肥料，可以迅速供给树体养分。叶面喷肥属于根外追肥。枣树上常用的叶面肥，喷施浓度为：0.3%尿素、0.2%～0.3%磷酸二氢钾。喷施时应注意在叶的正面和背面都喷。叶面喷肥最适温度为18～25℃。夏季喷肥要避开气温太高的时期，最好上午10点前和下午4点后进行，以免影响肥效和出现肥害。

（三）灌水

枣抗旱性强，对土壤水分要求不严，但如果干旱缺水，会影响枣树的生长结果。最适合枣树生长的土壤相对含水量为65%～70%。

枣树灌水时期主要是根据土壤墒情和枣树生长发育规律来定。在北方枣区，枣树生长的前期正处于干旱季节，应及时灌水。北方枣区一般应灌以下几次水。

1. 催芽水

萌芽前灌水，有利于枣树萌芽、枣头及枣吊的生长，促进花芽化和提高开花质量。

2. 花前水

开花前或初花期灌水，有利于开花和坐果。因为在北方枣花期一般干旱无雨，常遇干热风，易出现"焦花"现象。此期灌水可以增加土壤和枣田湿度，满足枣树对水分的需求，降低干热风的危害，有利于花粉萌发，提高坐果率，促进幼果发育。

3. 坐果水

在幼果迅速生长期如果遇到土壤干旱，需要进行灌水。此期灌水，可促进细胞的分裂和增长。此期水分不足，果实增长慢，果个小，降低枣果质量等级。

4. 变色水

在果实进入着色期，需要进行灌水。此期灌水有利于果实进一步膨大，促进果实糖分转化，减少因干旱导致果实萎蔫落果，提高果实品质。

5. 越冬水

在落叶后土壤封冻前灌水，可增加枣树的越冬抗寒能力，有利于翌年萌芽生长。

在进行灌水时，可以结合土壤保水剂的施用。土壤保水剂是一种吸水保水能力很强的高分子颗粒，它能高效地吸收水分，吸收后缓慢释放水分，可提高水分的利用率。

三、整形修剪

（一）冬枣树整形修剪原则

枣树喜温喜光，光照好，坐果率高、品质好。因此在培养树形和修剪时，要特别注意调整树体结构，保证通风透光良好。枣树栽植密度变化很大，因此树形也多样化，但无论什么树形，一个原则就是要通风透光良好。

（二）修剪时期与方法

1. 修剪时期

枣树修剪分冬季修剪和生长季修剪。

（1）冬季修剪　简称冬剪，是在落叶后至萌芽前进行。冬剪的目的主要是为培养、更新和调整骨干枝，使骨干枝数量合适、分布合理，以利通风透光。冬剪采用的主要方法有疏枝、短截、回缩、拉枝、落头等。

（2）生长季修剪　也称夏季修剪，简称夏剪。是在萌芽后的生长季进行修剪。夏季修剪的目的是调节营养生长和开花坐果的矛盾，减少养分消耗，改善通风透光条件，提高坐果率，增进果实品质。主要方法有抹芽、摘心、疏枝、拉枝、开甲等。在枣树上应特别重视夏剪，夏剪做得好，当年就结果多、品质好，夏剪做得到位，冬剪工作量就小。

2. 修剪方法

（1）定干　定植后当年在苗木中心干一定高度短剪，称为定干。目的是培养第一层主枝。定干高度为欲培养树形的干高加上第一层主枝的层内距。它依树形和栽培密度而定，一般矮密枣田为0.8米左右，中密枣田为0.8～1.0米，枣粮间作园为1.2～1.5米。对于高密枣田，定干高度可以低于60厘米。

（2）疏枝　从基部将枝条去除称疏枝。疏除交叉枝、重叠枝、过密枝，有利于通风透光，集中营养，促进生长和结果。

（3）回缩　对多年生枝条从分枝处短截称回缩。目的是抬高枝角和促发期，集中养分，促进坐果。

（4）短截　剪除1年生枣头一次枝的一部分叫短截。通过短截，可以促使剪口主芽萌发成枣头，培养骨干枝延长枝或培养大型结果枝组。轻短截可以使留下的二次枝生长粗壮，提高结果能力。

（5）刻芽　在主芽上方1～2厘米处横刻一刀（刻半圈或1圈）深达木质部，可刺激该主芽萌发成枣头。刻芽的目的主要是为培养主枝或侧枝。

（6）拉枝或撑枝　借助于铁丝、绳子或木棍等物，改变主枝、侧枝或其他骨干枝的角度，从而改变枝条生长势，调整树体结构，改善通风透光。

（7）摘心　摘心就是在生长季掐去或剪除当年生枣头一次枝的顶端。目的是阻止枣头一次枝二次枝延长生长，使枣头发育健壮，节约养分、促进开花坐果。

（8）抹芽　抹除没有利用价值的新萌生枣头。目的是节省养分，改善通风透光，提高坐果率。

（9）拿枝　在生长季，对于生长角度小的当年生枣头，在半木质化时用手轻轻压拧一次枝，目的是开张角度，调整其生长势。

（三）不同年龄时期树的整形修剪

1. 幼树的整形修剪

幼树整形修剪的任务主要是扩大树冠，形成牢固骨架，尽快培养好树形，重点是主侧枝的培养。在培养树形的同时，兼顾结果枝组的培养，实现早期丰产。

2. 生长结果期树的修剪

对于稀植的枣田，此期仍以营养生长为主，树冠需继续扩大，但产量逐年增加。此期修剪任务是继续培养主侧枝，使树体形成完整平衡骨架结构；通过拉枝、疏枝、摘心等方法控制骨干枝数量和枣头生长，使树体通风透光良好，培养大、中、小结果枝组。

3. 盛果期树的修剪

此期树形已基本稳定，生长势减弱，结果能力增强。由于结果量加大，骨干枝易下垂成弓形，顶端生长势变弱，弓背上极易萌发枣头，该枣头直立生长，加粗很快，使原骨干枝顶端更加衰弱，如果放任不管，背上直立的枣头粗度很快会超过原枣头，原枣头生长衰弱，结果能力下降，树形紊乱，通风透光变差。因此要及时疏除这类枣头，或重摘心控制其生长，培养成结果枝组。如果原枝头已经衰弱，回缩后用其代替原枝头。

此期可采用疏缩结合的方法，对交叉枝、重叠枝、并生枝、轮生枝进行间疏，打开光路，引光入膛，否则会出现结果部位外移，内膛二次枝死亡，出现光秃带。同时要注意调整各骨干枝的枝势，注重结果枝组的培养和更新。对于光照严重不良的，可以通过落头等措施，打开光路，降低树高。

4. 衰老期树的修剪

枣树衰老主要是由于肥水不足、管理不善造成的。只要加强肥水管理，合理修剪更新，枣树就会长期保持正常生长结果。在生产上，有很多数十年以上的老枣树，表现出枝条老化，骨干枝逐渐回枯，光秃带明显，枣头生长量小，枣吊短，结果能力显著下降等特征，表明已进入衰老期。

利用枣树隐芽寿命长的特点，根据衰老程度进行不同程度的更新修剪，一般是截除骨干枝总长的1/5～2/3，甚至仅留1/5。对于衰老树所有骨干枝的更新最好一次完成，不宜轮换进行。否则，刺激程度不够，发枝少，枝势弱，树冠形成慢。更新后要利用新枣头培养骨干枝和结果枝组，培养合理树形。衰老树的更新修剪要配合肥水管理，通过改良土壤，加强肥水管理，增强根系吸收能力，这样才能收到良好的更新效果。通过合理更新修剪，衰老期的枣树也可以恢复树冠和产量，在我国很多老枣区，数百年生的古枣树林仍枝繁叶茂，硕果累累。

四、提高坐果率

枣树开花量大，落花落果严重。因此提高坐果率成为枣树丰产稳产的基础。

（一）开甲

开甲就是环状剥皮，是枣树提高坐果率的一项重要措施。

1. 开甲时期

枣树开甲一般在盛花期或盛花初期。枣树花期长，一般在一个月左右。当每枣吊上有6朵以上花开放后即可开甲。

2. 开甲部位

一般在主干或主枝基部。

3. 开甲方法

幼树首次开甲部位选在距地面20厘米左右树皮光滑处进行，用刀在树干上环切2圈，深达木质部，两环之间的距离称为甲口宽度，将两圈之间的树皮剥离下来，露出一圈木质部称为甲口。甲口宽度一般为0.3~0.8厘米。第二年开甲在原甲口上方5厘米左右处进行，以后逐年向上开。等到达第一个主枝基部后，再从树干基部开始开甲。对于成龄大树，树皮坚硬，可先用弯镰在开甲部位将老树皮扒去，形成一圈宽2厘米左右的浅沟，露出粉红色的嫩皮，再用刀在嫩皮处绕树干环切2圈，上面一圈使刀与树干垂直切入，下面一圈使刀与树干成45°角向上切入，均深达木质部，将韧皮部剔出，就形成上直下斜的甲口。甲口下方呈斜面的目的是为了防止积水。

4. 开甲注意事项

（1）甲口的宽度　甲口宽度要根据树干粗度和树势而定。树大干粗的甲口宜宽，树小干细的宜窄；树势强的甲口宜宽，树势弱的甲口宜窄。一般来说，甲口的最适宜宽度应以甲口在1个月内完全愈合为标准。甲口太窄，则愈合早，起不到提高坐果率的作用；甲口太宽，则愈合慢，甚至不能愈合，造成树势衰弱，坐果率反而降低，也达不到开甲的目的；甲口过宽，愈合不好还会导致死树。

（2）开甲刀要锋利　开甲刀要锋利，甲口要平整，不出毛茬，无裂皮，这样有利于甲口愈合。整圈甲口宽度要一致，要切断所有韧皮部，不留一丝韧皮部，俗语云"留一丝，歇一枝"。只有这样才能保证开甲效果。

（3）甲口的保护　甲口在愈合时，产生的愈伤组织很容易遭到害虫的为害，能为害甲口的害虫统称甲口虫。为害枣树甲口的主要害虫是灰暗斑螟。开甲后每隔7~10天，在甲口内涂杀虫剂，如吡虫啉、甲萘威等，稀释50~100倍液，共涂抹2~3次。对于已受甲口虫为害、愈合不好的甲口，应在甲口处抹泥，缠绑塑料布，以促使愈合。

（4）弱树要停甲养树　枣树可以年年开甲，但对于弱树，要停止开甲，加强树下管理，使树势恢复后再进行开甲。否则会越开越弱，甚至死亡。

（二）花期放蜂

枣树是典型的虫媒花。蜜蜂是枣的主要传粉昆虫，花期放蜂，提高了受粉率，可以明显提高枣的坐果率。一般花期放蜂可提高枣坐果率1倍以上。

距蜂箱越近的枣树，坐果率越高。放蜂时要将蜂箱均匀放在枣田中间，蜂箱间距应小于300米。

（三）花期喷水

在北方枣区，花期常常遇到干旱天气，空气湿度低。枣花粉发芽需要较高湿度，湿度在80%～100%时花粉萌发率最高，湿度低于60%，花粉萌发率明显降低。花期喷水就是为了提高空气湿度，促进受粉受精，从而提高枣坐果率。喷水应在盛花期前后进行。喷水次数依天气干旱程度而定。一般年份喷水2～3次，严重干旱年份喷3～5次，每次间隔1～3天。

（四）花期喷施微量元素

硼可以促进花粉萌发和花粉管生长，花期喷硼可以明显提高枣的坐果率。一般喷施浓度为0.2%～0.3%的硼砂或硼酸溶液。花期喷施稀土也可提高枣树的坐果率，喷施浓度参照产品说明。

五、病虫害防治

冬枣树病虫害种类多、分布广、为害重，也是造成枣树产量低、品质差的主要原因之一，是冬枣树从冬眠唤醒到冬枣成熟、从土壤到树身管理的重要工作。

（一）冬枣树常见病虫害

为害冬枣树的害虫有120余种，病害20余种。发生较普遍，常常造成灾害或偶发形成局部灾害的约为35种。

（二）主要病虫害的表现与防治

1. 绿盲蝽

（1）为害表现　绿盲蝽以若虫和成虫刺吸枣树的幼芽、嫩叶、花蕾及幼果的汁液。被害叶芽先呈现失绿斑点，随着叶片的伸展，小点逐渐变为不规则的孔洞，俗称"破叶病""破叶疯""破天窗"，严重时春天枣树叶芽迟迟不能萌发，树体光秃。花蕾受害后，停止发育，枯死脱落，重者其花几乎全部脱落。幼果受害后，有的出现黑色坏死斑，有的出现隆起的小疱，其果肉组织坏死，大部分受害果脱落，严重影响产量。

（2）发生规律 枣树绿盲蝽1年发生4～5代，第1代绿盲蝽的卵孵化期较为整齐。枣树发芽后即开始上树为害，5月上中旬，枣树结果枝展叶期为为害盛期。5月下旬以后，气温渐高、虫口减少。第2代在6月上旬出现，发生盛期为6月中旬，为害枣花及幼果，是为害枣树最重的一代。3～5代分别在7月中旬、8月中旬和9月中旬出现，世代重叠现象严重，主要转移到豆类、玉米、蔬菜等作物上为害。

（3）防治方法

①清除虫源：在枣树发芽前，刮除老翘皮，彻底清除园内的枯枝、烂果及杂草，并剪除有卵残桩，带出园外集中烧毁。而后喷施一遍3～5波美度的石硫合剂，可有效降低虫卵基数和虫卵的孵化率。

②设置杀虫带：在4月初用20厘米宽的塑料薄膜缠绕树干中部一周，薄膜上涂抹粘虫胶，可将绿盲蝽若虫杀死或阻止其上树为害。

③化学防治：4月中下旬至5月上中旬是防治绿盲蝽第1代若虫的关键时期，此期要每隔5～7天喷一遍药。6月上旬第2代绿盲蝽进入为害盛期，应连续喷药2～3次。适宜的药剂有联苯菊酯。

2. 枣尺蠖

（1）为害症状 以幼虫为害枣、苹果、梨的嫩芽、嫩叶及花蕾，严重发生的年份，可将枣芽、枣叶及花蕾吃光，不但造成当年绝产，而且影响翌年产量。

（2）发生规律 1年1代，以蛹在树冠下3～20厘米深的土中越冬，近树干基部越冬蛹较多。翌年2月中旬至4月上旬为成虫羽化期，羽化盛期在2月下旬至3月中旬。雌蛾羽化后于傍晚大量出土爬行上树；雌蛾交尾后3日内大量产卵，卵多产在枝杈粗皮裂缝内，卵期10～25天。枣芽萌发时幼虫开始孵化，3月下旬至4月上旬为孵化盛期。3—6月为幼虫为害期，以4月为害最重。幼虫喜分散活动，爬行迅速并能吐丝下垂借风力转移蔓延，幼虫具假死性，遇惊扰即吐丝下垂。幼虫的食量随虫龄增长而急剧增大，4月中下旬至6月中旬老熟幼虫入土化蛹。

（3）防治方法

①阻止雌成虫上树：成虫羽化前在树干基部绑15～20厘米宽的塑料薄膜带，环绕树干一周，涂上粘虫胶，既可阻止雌蛾上树产卵，又可防止树下幼

虫孵化后爬行上树。

②敲树振虫：利用1、2龄幼虫的假死性，可振落幼虫及时消灭。

③化学防治：在3龄幼虫之前喷洒农药。可用药剂有灭幼脲、丁醚脲、甲维盐。

3. 枣瘿蚊

（1）为害症状　幼虫为害嫩叶，叶受害后红肿，纵卷，叶片增厚，先变为紫红色，最终变黑褐色，并枯萎脱落。

（2）发生规律　该虫在1年一般发生5~7代，以老熟幼虫在土内结茧越冬。翌年4月成虫羽化，产卵于刚萌发的枣芽上；5月上旬进入为害盛期，嫩叶卷曲成筒，1个叶片有幼虫5~15头，被害叶枯黑脱落，第1代老熟幼虫6月初落地入土化蛹。以后各代不整齐，最后一代老熟幼虫8月下旬开始入土化蛹越冬。

（3）防治方法

①农业防治：深翻土壤，秋末冬初或早春（成虫羽化前）深翻枣园，把老熟幼虫和蛹翻到深层或地表，阻止成虫正常羽化出土。

②地面喷药：枣树萌芽期成虫羽化前和6—7月第1~2代幼虫入土化蛹期，在枣园地面喷辛硫磷乳油，随后轻耙，以杀死入土化蛹的老熟幼虫。

③树上喷药：从4月下旬枣树抽枝展叶期即幼虫发生期开始用药，10天左右一次，连喷2~3次。常用有效药剂有吡虫啉、啶虫脒、菊酯类等。

4. 日本龟蜡蚧

（1）为害症状　若虫或成虫固定在枣叶或1~2年生枝条上吸食枣树汁液，造成枣树树势衰弱；同时其排泄物布满全树，7—8月雨季引起大量煤污菌寄生，使枝叶面、果实布满黑霉，影响光合作用和果实生长，致使幼枣大量脱落。受害严重的枣树甚至枯梢累累，连年绝产。

（2）发生规律　枣龟蜡蚧1年发生1代，从受精雌成虫密集在1~2年生小枝上越冬。以当年生枣头上最多。3月下旬越冬雌成虫开始发育，5月底至6月初产卵，6月底至7月初为孵化盛期。8月中旬至9月为化蛹期，8月下旬至10月上旬为成虫羽化期，雄成虫交配后即死亡，雌虫陆续由叶转到枝上固着为害，至11月中旬进入越冬期。

（3）防治方法

①人工防治：从11月到翌年3月，可刮刷越冬雌成虫，配合枣树修剪，

剪除虫枝。若严冬季节遇雨雪天气，枣枝上结有较厚的冰凌时，及时敲打树枝振落冰凌，可将越冬虫随冰凌振落。

②化学防治：枣树落叶后至早春喷布3～5波美度石硫合剂或5%的机油乳剂可消灭越冬蜡蚧。6月底至7月初，若虫孵化盛期喷噻嗪酮、吡虫啉等，防治效果都很好。

5. 枣红蜘蛛

（1）为害症状　成螨、幼螨和若螨集中在叶芽和叶片背面上取食汁液为害，被害植株初期叶片出现失绿的小斑点，后逐渐扩大成片，严重时叶片呈枯黄色，提前落叶、落果，引起大量减产和果实品质下降。

（2）发生规律　北方地区每年发生12～15代，南方各枣区每年发生18～20代。以雌成螨和若螨在树皮裂缝、杂草根际和土缝隙中越冬。翌年3月中下旬至4月中旬，枣树萌芽时出蛰，7—8月时为该虫发生高峰期，高温、干旱和刮风利于该虫的发生和传播。10月上中旬，开始越冬。

（3）防治方法

①清除虫源：冬春季刮树皮、铲除杂草、清除落叶，结合施肥一并深埋，并仔细进行树干培土拍实，消灭越冬雌虫和若虫。

②设置杀虫带：在4月初用20厘米宽的塑料薄膜缠绕树干中部一周，薄膜上涂抹粘虫胶，可将枣红蜘蛛杀死或阻止其上下树。

③化学防治：发芽前夕树体细致喷洒3～5波美度石硫合剂或200倍液柴油乳剂，最大限度地消灭越冬虫源。5—6月可喷施哒螨灵、阿维菌素液、噻螨酮，对若虫均有较好的效果。

6. 皮暗斑螟

（1）为害症状　该虫主要以幼虫为害枣树的开甲伤口，枣树开甲后，该虫在甲口处开始蛀入为害，排出褐色粪粒，并吐丝缠绕，当幼虫取食甲口愈伤组织一部分或1周后，便沿韧皮部向上取食为害，轻者使伤口难以愈合，致使生长削弱，产量下降，重者导致整株树死亡。

（2）发生规律　皮暗斑螟在北方枣区1年发生4～5代。主要以4～5龄老熟幼虫在树干甲口处皮层内或开裂老皮下越冬，少数以2～3龄幼虫越冬。越冬的老熟成虫于3月下旬开始活动，此时枣树树液开始流动，皮暗斑螟整个生活史世代重叠严重，1～3代生活史内具有同时存在卵、幼虫、蛹、成虫现象，加上果农经常涂抹农药进行防治，致使虫态发育很不整齐，世代不易区分。

（3）防治方法

①甲口愈合保护剂：枣树开甲后，使用甲口愈合保护剂在枣树环剥口上涂抹1次。

②性信息素诱杀：4月中旬皮暗斑螟成虫羽化前，在枣园悬挂性信息素诱捕器，每个月换一次诱芯，直至秋季皮暗斑螟成虫发生期结束。诱捕器悬挂范围为40米×40米。

③化学防治：枣树开甲后使用灭幼脲涂抹甲口，也可有效防治此虫。

7.枣树桃小食心虫

（1）为害症状　幼虫仅为害果实，果面上针眼大小的蛀果孔呈黑褐色凹点，幼虫蛀入果内后，在果皮下纵横蛀食果肉，随虫龄增大，有向果心蛀食的趋向，前期蛀果的幼虫，在皮下潜食果肉，幼虫发育后期，食量增大，在果肉纵横潜食，排粪于其中，造成所谓的"豆沙馅"。枣果受害后容易脱落。

（2）发生规律　在北方1年发生2代。以幼虫在树干周围浅土内结茧越冬，3厘米深左右的土中虫数最多。翌春平均气温约16℃、地温约19℃时开始出土，在土块或其他物体下结蛹化茧化蛹。6—7月间成虫大量羽化，夜间活动，趋光性和趋化性都不明显。6月下旬产卵于果实的梗洼处。7—8月为第1代幼虫为害期，8月中旬幼虫老熟，结茧化蛹，8月下旬为第2代成虫羽化盛期，并大量产卵，蛀果为害，幼虫在果内为害直至采收，大部分采收前脱果在土壤中越冬，部分在采收后晒果时脱果越冬。

（3）防治方法

①减少虫源：在越冬幼虫出土前，将距树干1米的范围、深14厘米的土壤挖出，更换无冬茧的新土；或在越冬幼虫连续出土后，在树干1米内压3.3～6.6厘米新土，并拍实，可压死夏茧中的幼虫和蛹。

②地面喷药：在越冬幼虫出土前喷湿地面，用毒死蜱或辛硫磷乳油均匀喷洒枣园地面，毒死蜱使用1次即可；辛硫磷应连施2～3次，喷后耙松地表即可。

③化学防治：在幼虫初孵期，可使用高效顺反氯氰菊酯、灭幼脲喷施树冠可取得良好的防治效果。

8. 枣缩果病

（1）为害症状　该病主要为害枣树的果实，引起果腐和提早脱落。受害病果先是在肩部或胴部出现淡黄色晕环，边缘较清晰，逐渐扩大，成凹形不规则淡黄色病斑，进而果皮呈水渍状，浸润型，疏布针刺状圆形褐点；果肉由淡绿转为黄色，松软萎缩，外果皮暗红无光泽；健果果柄绿色，病果果柄褐色或黑褐色，对果柄进行解剖观察，病果果柄提前形成离层而早落；病果个小、皱缩、干瘦；病组织呈海绵状坏死，味苦，不堪食用；果实发病后很容易脱落，病果的病斑越大越易脱落。

（2）发生规律　枣缩果病病原菌较为复杂，目前并无定论。国内外多名研究人员从病果中分离和鉴定出多种真菌和细菌，可能是多种病原真菌或细菌复合侵染造成；也可能与铜元素超标有关，到目前为止对枣缩果病的病因仍存在较大争议。

据田间调查，该病害从6月底开始发病，7月上旬发病逐渐增强，中下旬进入高峰期，持续到8月底至9月上旬还可对挂果较晚的红枣果实造成为害。从发生为害程度看，发病较早的（6月底至7月初）枣园，整个病果瘦小且早脱落，严重影响红枣产量，中后期发病（8—9月）的果实，即便是在成熟前脱落，但因色泽及内在品质均普遍较差，同样对红枣品质及产量造成较大的影响。

（3）防治方法

①选择抗病品种：根据当地气候土质条件，选择抗病品种。

②农业防治：加强土肥水管理，合理整形修剪，改善通风透光条件，增强树势，提高树体抗病能力。及时清除病果，并集中销毁。

③化学防治：发病严重枣园，一般在落花后20～30天开始喷药，每隔10～15天喷施一次，连喷5～6次。具体喷药时间及次数应根据降雨和环境湿度而定，阴雨潮湿多喷，无雨干旱少喷。常用药剂有30%戊唑·多菌灵1 000倍液、1.5%多抗霉素400倍液、80%代森锰锌（全络合态）800倍液、10%苯醚甲环唑1 500倍液等。

9. 枣疯病

（1）为害症状　枣树地上、地下部均可染病。地上部染病主要表现如下。

①花柄加长为正常花的3～6倍，萼片、花瓣、雄蕊和雌蕊反常生长，成浅绿色小叶。树势较强的病树，小叶叶腋间还会抽生细矮小枝，形成枝丛。

②发育枝正副芽和结果母枝，一年多次萌发生长，连续抽生细小黄绿的枝叶，形成稠密的枝丛。

③全树枝干上原是休眠状态的隐芽大量萌发，抽生黄绿细小的枝丛。地下部染病，主要表现为根蘖丛生。

（2）发生规律　该病有两条传播途径。

①媒介昆虫：主要有凹缘菱纹叶蝉、橙带拟菱纹叶蝉和红闪小叶蝉等，它们在病树上吸食后，再取食健树，健树就被感染。传毒媒介昆虫和疯病树同时存在，是该病蔓延的必备条件。

②嫁接：芽接和枝接等均可，接穗或砧木有一方带病即可使嫁接株发病。病原体一旦侵入树体，7～10天向下运行到根部，在根部增殖后，通过韧皮部的筛管运转，从下而上运行树冠，引起疯枝。小苗当年可疯，大树大多第二年才疯。

（3）防治方法

①培育无病苗木：在无枣疯病的枣园中采取接穗、接芽或分根进行繁殖，以培育无病苗木。

②加强苗木检疫：枣苗进行调运时，要严格进行检疫，防止带病植株继续传病。

③及早铲除病株：一旦发现枣树染病，应立即刨除，要刨净根部，以免萌生病苗，并将刨出的病株及时销毁。

（4）防治媒介昆虫　4—7月可使用吡虫啉或菊酯类农药防治叶蝉类媒介昆虫，切断枣疯病传播途径。

10. 枣裂果病

（1）为害症状　果实将近成熟时，如连日下雨，果面裂开一长缝，果肉稍外露，随之裂果腐烂变酸，不堪食用。裂果形状可分为纵裂、横裂、"T"形裂，一般纵裂较多，"T"形裂次之，横裂最少。果实开裂后，易引起炭疽等病原菌侵入，从而加速了果实的腐烂变质。

（2）发生规律　生理性病害，主要是幼果发育初期干旱少雨，进入夏秋季后高温多雨，果实接近成熟时果皮变薄等因素所致。同时与果实钙元素含量不足有关。

（3）防治方法

①栽植抗裂品种。

②及时灌溉：在枣果生长期如遇干旱及时灌溉，可减少裂果。

③合理修剪：注意通风透光，有利于雨后枣果表面迅速干燥，减少发病。

④喷施钙肥：从7月下旬开始，每隔10～20天喷洒1次0.3%氯化钙水溶液，连续喷洒3～4次，直到采收，也可明显降低枣果实的裂果现象发生。

⑤避雨栽培：矮化栽植的枣园，可搭建避雨棚或避雨温室，可完全免除枣裂果病的影响。

11. 枣锈病

（1）为害症状　主要为害叶片。发病初期，叶片背面多在中脉两侧及叶片尖端和基部散生淡绿色小点，渐形成暗黄褐色突起，即锈病菌的夏孢子堆。夏孢子堆埋生在表皮下，后期破裂，散放出黄色粉状物，即夏孢子。发展到后期，在叶正面与夏孢子堆相对的位置，出现绿色小点，使叶面呈现花叶状。病叶渐变灰黄色，失去光泽，干枯脱落。树冠下部先落叶，逐渐向树冠上部发展。在落叶上有时形成冬孢子堆，黑褐色，稍突起，但不突破表皮。

（2）发生规律　真菌性病害，病原菌为枣多层锈菌。一般年份在6月下旬至7月上旬降雨多、湿度高时开始侵染，7、8月降水少于150毫米，发病轻；降水达到250毫米，发病重；降水量330毫米以上则枣锈病暴发成灾。7月中旬以后高温高湿天气有利于枣锈病大发生。发病轻重与降雨有关，雨季早，降雨多、气温高的年份发病早而严重。

（3）防治方法

①清除病源：秋、冬季清理枣园枯枝落叶等，将其集中烧毁。

②加强栽培管理：合理整形修剪，以利通风透光。雨季及时排水，防止果园过于潮湿。

③化学防治：枣树萌芽前喷3～5波美度的石硫合剂；7月中上旬可喷施1∶2∶200波尔多液。7～8月枣锈病发生高峰期，可使用戊唑醇、丙环唑、苯醚甲环唑等杀菌剂喷施树冠，效果良好。

第九章　核桃栽培管理技术

一、园地选择与栽植

（一）园地选择与规划

1.园地确定应具备的基本条件

核桃标准化园应符合以下条件。

（1）气候条件　年均温8～16℃，绝对最低气温为-25℃，绝对最高气温38℃以下，无霜期在160天以上。早春无大风、无严重的晚霜冻害现象。春季核桃展叶后，如遇-4～-2℃低温，新梢会遭冻害；花期和幼果期气温降到-2～-1℃则受冻减产；夏季生长期温度超过38℃时，枝条和果实则易发生灼伤。

（2）海拔　海拔600～1 200米。

（3）地形　背风向阳的缓坡丘陵地。

（4）土壤　要求排水良好，土壤厚度1米以上，地下水位在地表2米以下。土壤保水透气良好，pH值为1～7.5的壤土和沙壤土较为适宜，无环境污染，能够避免工业废气，污水及过多灰尘造成的不良影响。

此外，建园地点的交通运输条件，技术力量及产、供、销情况等综合条件也应在园地选择时予以考虑。

2.建园技术

要按照园地规划设计要求和栽培目的、主栽品种特性在建园作业区以小区为单位进行栽植前的布点工作。栽植穴布点株行距，既要根据建园设计密度，又要结合栽植小区的地形地貌；既要力求整齐划一，又要便于机械作业和生产管理。在地势平坦、园面积较大的地块栽植穴既要"纵成行、横成样、斜成线"，又要力求南北成行，充分利用光照。在地形复杂、坡面起

伏、坡度较大的地块，布点要以水平线为行轴，充分考虑水土保持工程措施和土壤改良等丰产栽培措施能够顺利实施和开展。晚实品种株行距应大些，土层深厚、肥力高的地块可采用5米×7米或6米×8米；土层较薄、肥力较低可采用4米×6米或5米×7米；早实品种核桃树体较小，株行距应小些，可采用3米×5米或4米×6米；具体栽植密度应考虑土壤条件和种植品种灵活掌握。

（二）品种选择

在制定核桃发展规划时，应在充分考察和科学论证的基础上，将主栽品种放在优先地位列入发展规划。以村或户为单位的建园应在考察的基础上，从一定资质和可靠度的机构或单位调运购买苗木。

坚持采用行标1～2级苗木。外购苗木，要严格履行检疫手续，运输中要注意防止风吹、日晒、冻害以及保湿和防霉。无论是就地掘苗还是外购苗木，均应进行品种核对，苗木分级及打捆清数。当时不栽的苗木应按要求进行根系消毒并及时假植。常见品种主要有礼品2号、清香、香玲、薄壳香、晋香，适宜晋中地区气候条件的品种是晋香。

晋香：山西省林业科学研究院选自新疆核桃种子的实生苗。"七五"期间参加全国早实核桃品种区试，2007年通过山西省林木良种审定委员会品种审定。坚果中等大，圆形，平均单果重11.54克，最大14.2克，三径平均3.45厘米。壳面光滑美观，壳厚0.71毫米，壳薄而不露，缝合线较紧，可取整仁，出仁率63.97%，仁色浅，饱满，风味香，品质极佳。植株生长势强，树姿较开张，分枝角65°左右，顶冠圆头形。嫁接苗第2年结果，每雌花絮着生2～3朵雌花，双果较多。丰产性较强，树冠垂直投影面积产仁量0.17千克/米²。属雄先型，中熟品种。晋中地区4月上旬萌芽，4月中下旬雄花盛期，5月上旬雌花盛期，9月上中旬果实成熟。10月底落叶。果实发育期120天，营养生长期210天。该品种适应性较强，果形美观，手捏可取整仁，可在我国北方条件较好的地区集约化栽培。

（三）建园栽植

核桃建园栽植核心是提高成活率和保存率，关键是为新植苗木成活保存创造有利的环境和条件，要求是"栽实苗正、根系舒展"，标准是成活率达95%以上，保存率达90%以上的方法是"三埋两踩一提苗"。具体步骤如下。

1.修根蘸浆、增墒保墒

核桃苗木定植前，应对根系进行检查，将根系达不到标准的苗木和合格苗木进行分类，尽最大可能地避免将不合格苗木定植。对合格苗木要进行修根：对伤根烂根应进行剪除，对过长和失水的茎根也应进行疏除或短截；修根完成后，将苗木放在水中浸泡10～12小时，使根系充分补充水分；风量较大和气候干燥的地区，定植前应对苗木根系进行蘸浆，蘸浆所用的泥土可适当搅拌磷肥和保水剂，也可使用生根粉。

核桃栽培时期分为春栽和秋栽。大部分核桃产区无论春栽或秋栽，主要是根据当地气候条件，以土壤墒情优劣为确定能否进行栽植的主要参考和依据。抢墒栽植能够达到事半功倍的目的。

2.栽正栽实、根痕平齐

"三埋两踩一提苗"是指第一次埋土、提苗后再对回填土进行踩实；第二次、第三次先埋后踩。主要目的是通过分层、分次回填，踏踩，使定植苗木根系不仅舒展而且与土壤结合紧密。栽植不宜太深或太浅，苗木根痕应比地面高3厘米为宜，浇水后下渗正好和地面齐平。栽植太深根系太深致使呼吸困难，苗木成活率不高，且生长缓慢、发育不良。

3.浇水覆膜，巩固成果

标准化建园巩固栽植成果的主要技术措施是栽后要及时进行浇水和覆膜。栽后浇水俗称"封根水"，通过浇水不仅能显著增加苗木根系土壤墒情，而且浇水后由于产生沉淀作用，也可以使土壤与苗木根系结合得更加紧密。浇水后应及时覆盖地膜进行保墒。

北方地区春季风大，空气湿度小，抢墒栽植和栽后浇水还不足以确保缓苗期土壤墒情持续良好，应及时覆盖地膜。覆盖地膜既可保墒，又能提高地温，促使新栽幼苗根系恢复和生长。在夏季高温到来前应及时检查覆膜情况，及时清理缠绕在树根部的塑料膜，避免根颈部因高温而灼伤。

4.栽后管理

建园当年，新建幼苗处于成活和根系恢复阶段，加强栽后管理，确保幼苗幼树健壮生长、安全越冬是一项主要的工作。

①留足营养带，避免作物间争水、争肥、争光。

②加强中耕除草，促进生长。

③及时除萌，避免养分浪费。

④核查成活，及时补栽。

⑤合理定干，促进成形。

核桃新建园，要达到成园整齐，可按苗木等级和生长情况进行合理定干。定干分当年定干和次年定干两种方法，当年定干要求苗高均在1米以上，且生长健康，苗木定干部分充实，定干高度根据建园要求可控制在0.8~1.2米。次年定干是苗木大部分高度未达到定干要求，可在嫁接部位以上2~3个芽片处进行重短截，短截后要在发芽时及时定芽，一般情况下只要水肥充足，管理得当，第二年均可达到定植高度。

5. 加强越冬保护，防止抽条

北方寒冷地区，幼树越冬易因生理干旱而抽条，幼树越冬管理应采用压土埋苗，整袋装土，涂抹保护剂，绑缚报纸或塑料等措施，降低水分蒸腾作用，避免冬季冻害和抽条发生。

二、核桃园土肥水管理技术

（一）土壤管理方法、要求与标准

1. 深翻改土

具体方法：每年或隔年采果前后沿大量须根分布区的边缘，向外扩宽50厘米左右。深翻部位，以树冠垂直投影边缘内外，深60~80厘米，挖成围绕树干的半圆形或圆形的沟，然后将表层土混合基肥和绿肥或秸秆，放在沟的底层，而底层土放在上面，最后进行大水浇灌。深翻时，应尽量避免伤及直径1厘米以上的粗根。

2. 中耕除草

中耕除草的主要作用是改善土壤温度和透气状况，消灭杂草，减少养分水分竞争，造就深、松、软、透气和保水保肥的土壤环境，促进根系生长，提高核桃园的生产能力。中耕在整个生长季节中可进行多次。

（二）施肥原则、方法与标准

1. 肥料选择标准

在施肥时，应以有机肥料（如腐熟的厩肥、堆肥和饼肥、绿肥等）为主，配合施用适量化肥，以土壤施肥为主，配合根外施肥（叶面喷肥）的原则，选用生产无公害果品要求的肥料，进行科学施肥。

2. 核桃不同时期的施肥标准

（1）幼龄期　从建园定植开始到开花结果前均是核桃树的幼龄期。此期根据苗本情况不同，持续的时间也不同，早实核桃品种一般为2～3年，如中林1号、辽宁1号、鲁光、香玲等；晚实核桃品种一般3～5年，如晋龙1号、晋龙2号、礼品2号、清香等。

这个时期营养生长占据主导地位，树冠和根系快速地加长、加粗生长，为迅速转入开花结果积蓄营养。栽培管理和施肥的主要目的是，促进树体的扩根扩冠、加大枝叶量。此期应大量满足树体对氮肥的需求，同时注意磷肥、钾肥的施用。

（2）结果初期　这个时期是指从开始结果至大结果，且产量相对稳定的一段时期。营养生长相对于生殖生长逐渐缓慢，树体继续扩根与扩冠，主根上的侧根、细根和毛根大量增生，分枝量和叶量增加，结果枝大量形成，角度逐渐开张，产量逐年增长。

栽培管理和施肥的主要目的是：保证植株良好生长，增大枝叶量，形成大量的结果枝组，树体逐渐形成。这个时期可适当增加磷肥、钾肥的施用量。

（3）盛果期　这个时期核桃处于大量的结果时期，应加强施肥、灌水、植保和修剪等综合管理措施，调节树体营养平衡，防止出现大小年结果现象，并延长结果盛期的时间。因此，树体需要大量营养，除补充足量的氮、磷、钾营养元素外，增施有机肥是保证高产稳产的有效措施。

（4）衰老期　此期产量开始下降，新梢生长量极小，骨干枝开始枯竭衰老，内部结果枝组大量衰弱直至死亡。此期的管理任务是通过修剪对树体进行更新复壮，同时加大氮肥的供应，促进营养生长，恢复树势。

实际操作时，核桃园施肥标准需综合考虑具体的土壤状况、个体发育时期及品种的生物学特点来确定。可参照表9-1灵活执行。

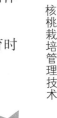

第九章　核桃栽培管理技术

表9-1 核桃树施肥时期及标准

时间	树龄（年）	每株树平均施肥量（有效成分）（克）			有机肥（千克/株）
		氮	磷	钾	
幼树期	1~3	50	20	20	5
	4~6	100	50	50	5
结果初期	7~10	200	100	100	10
	11~15	400	200	200	20
盛果期	16~20	600	400	400	30
	21~30	800	600	600	40
	>30	1 200	1 000	1 000	>50

3. 施肥方法

（1）基肥 一般以秋施为宜。秋季核桃果实采收前后，树体内的养分被大量消耗，而根系却处于生长高峰，花芽分化也处于高峰时期，急需补充大量的养分。此时施肥，也可以满足它的营养需要。与此同时，根系旺盛生长，吸收大量的养分，使叶片的光合作用旺盛，树体的贮存营养水平提高，从而有利于枝芽的充实健壮，提高抗寒力。

秋施基肥，施肥越早越好。一般在采收前后（9月）施入为最佳时间。施肥以有机肥为主，加入部分速效性氮肥或磷肥。基肥施用方法：可采取环状施肥、放射状施肥或条状沟施肥等方法，以开沟50厘米左右深施，结合秋季深翻改土施入为宜，施肥时，要注意全园普施和深施。施肥后，要灌足水分。基肥过晚不能及时补充树林所需养分，影响花芽分化质量。

（2）追肥 追肥是为了满足树体在生长期汲取的养分，特别是生长期中的几个关键需肥时期，而以施入速效性肥料为主。追肥的次数和时间与气候、土壤、树龄、树势等诸多因素均有关系。高温多雨地区、沙质壤土、肥料容易流失，追肥宜少量多次；树龄幼小、树势较弱的树，也宜少量多次追肥。追肥应满足树体的养分需要，因此，施肥与树体的物候期也紧密相关。全年中，开花坐果时期是需肥的关键时间，幼龄树核桃每年追肥2~3次，成年核桃树追肥3~4次为宜。

①第一次追肥：根据核桃品种及土壤状况不同进行追肥，早实核桃一般在雌花开放以前，晚实核桃在展叶初期（4月中上旬）施入。肥料以速效性

氮肥为主，如尿素或果树专用的复合肥料。施肥方法以放射状施肥、环状施肥、穴状施肥均可，深度20厘米左右。

②第二次追肥：早实核桃开花后，晚实核桃展叶末期（5月中下旬）施入。及时追施氮肥可减少落果，促进果实的发育和膨大，同时促进新梢生长和木质化形成。肥料以速效性氮肥为主，增施适量的磷肥（过磷酸钙、磷矿粉等），钾肥（硫酸钾、氯化钾、草木灰等）。施肥方法同第一次追肥。

③第三次追肥：结果期核桃6月下旬硬核后施入。肥料施入以磷肥和钾肥为主，适量施氮肥。如果以有机肥进行追肥，要比速效性肥料提前20~30天施入，以鸡粪、猪粪、牛粪等为主，施用的效果会更好，施肥方法同第一次追肥。

④第四次追肥：果实采收后施入。采果后，由于果实的发育消耗了树体内大量的养分，花芽分化也需大量养分。此时补充土壤养分，调节树势，增加花芽分化质量，增加树体养分积累，提高树木抵抗不良环境的能力，增加抗寒能力，以顺利过冬。

（3）叶面喷肥　根外追肥成本低，操作简单，肥料利用率高，效果好，是一种经济有效的方式。常用的原则是：生长期前期浓度可高些；在缺水少肥地区次数应多。根外施肥宜在上午8—10点或下午4点以后进行，阴雨或大风天气不宜进行，喷肥15分钟之后如遇下雨，可在天变晴以后补施一遍最好。

喷肥一般可喷0.3%~0.5%尿素、过磷酸钙、磷酸钾、硫酸亚铁、硼砂等，以补充氮、磷、钾等大量元素和其他微量元素。花期喷硼可提高坐果率。5—6月喷硫酸亚铁可使树体叶片肥厚，增加光合作用。7—8月喷硫酸钾可有效地提高核仁品质。施肥方法可参考表9-2。

表9-2　核桃园肥料种类及肥效

种类	各年肥效（%）			开始发挥肥效时间（天）
	第1年	第2年	第3年	
腐熟细粪	75	15	10	12~15
圈粪	34	33	33	15~20
土粪	65	25	10	15~20
炕土	75	15	10	12~15

（续表）

种类	各年肥效（%）			开始发挥肥效时间（天）
	第1年	第2年	第3年	
人粪	75	15	10	10～12
人尿	100	0	0	5～10
马粪	40	35	25	15～20
羊粪	40	35	20	15～20
猪粪	40	35	20	15～20
牛粪	25	40	35	15～20
鸡粪	65	25	10	10～15
生骨粉	30	35	35	15天左右
草木灰	75	15	10	15天左右
硫铵	100	0	0	3～7
硝铵	100	0	0	5天左右
氨水	100	0	0	5～7
尿素	100	0	0	7～8
过磷酸钙	45	35	20	8～10

（三）水分管理

目前，在核桃生产中，水分管理是综合管理中一项重要措施，正确把握灌水的时间、次数和用量，显得十分重要。

1. 核桃树对水分的需求

（1）核桃的需水特性　核桃对空气的干燥度不敏感，但却对土壤的水分状况比较敏感，在长期晴朗干燥的天气，充足的日照和较大的昼夜温差条件下，只要有良好的灌溉条件，就能促进核桃大量开花结实，并提高果仁品质和产量。核桃幼龄期树生长季节前期干旱、后期多雨，枝条易徒长，造成越冬抽条；土壤水分过多，通气不良，根系的呼吸作用受阻，严重时使根系窒息，影响树体生长发育。土壤过旱或过湿均对核桃的生长和结实状况产生不良的影响。

（2）灌水时期的确定　核桃生长发育过程中几个需水关键时期如果缺水，需要通过灌溉及时补充水分。

①春季萌芽开花期：3—4月，树体需水较多，经过冬季的干旱和蓄势，核桃又进入芽萌动阶段且开始抽枝、展叶，此时的树体生理活动变化急剧而且迅速，1个月时间要完成萌芽、抽枝、展叶和开花等过程，需要大量的水分，才能满足树体的生长发育需要。此期如果缺水，就会严重影响新根生长、萌芽的质量、抽枝快慢和开花的整齐度。因此，每年要灌透萌芽水。

②开花后：5—6月，雌花受精后，果实进入迅速生长期，占全年生长期的80%以上。同时，雌花芽的分化已经开始。均需要大量的水分和养分，是全年需水的关键时期。干旱时，要灌透花后水。

③花芽分化期：7—8月，核桃树体的生长发育比较缓慢，但是核仁的发育刚刚开始，并且急剧且迅速，同时花芽的分化也正处于高峰时期，均要求有足够的养分、水分供给树体。通常核桃此期正值北方的雨季，不需要进行灌水，如遇长期高温干旱的年份，需要灌足水分，以免此期缺水，给生产造成不必要的损失。

④封冻水：10月末至11月落叶前，树体需要进行调整，应结合秋施基肥灌足封冻水。一方面可以使土壤保持良好的墒情，另一方面，此期灌水能加速秋施基肥快速分解，有利于树体吸收更多的养分并贮藏和积累，提高树体新枝的抗寒性，也为越冬后树体的生长发育贮备营养。

2. 灌水与保墒

（1）灌水　加强对园区雨水的积蓄利用，在干旱少雨的北方，雨量分布不均匀，大多集中在6—8月，所以加强对果园雨水的积蓄和利用，显得十分重要。

有灌水条件的核桃园，与追肥相对应，在每次追肥后进行灌水，即灌催芽水、花期水、促果水。除了以上"三水"外，还应在萌芽前15～20天灌水，促进其前期生育。封冻前要灌封冻水，提高树体的越冬性。

（2）保墒方法

①薄膜覆盖：一般在春季的3—4月（北部地区可延长到5月）进行。覆盖方法为顺行覆盖、树盘投影部位下覆盖和盆状覆盖。所有覆盖方法均能减少水分蒸发，提高根际土壤含水量，提高土壤温度，促进微生物活动，如果结合浅耕效果会更好。另外，盆状覆盖还具有良好的蓄水作用。覆膜提高土

壤温度，有利于早春根系生理活性的提高，促进微生物活动，加速有机质分解，增加土壤肥力；覆膜还能明显提高幼树栽植成活率，促进新梢生长，有利于树冠迅速扩大。

②果园覆草：一年四季均可，以夏季（5月）为宜，提倡树盘覆草，覆草时注意新鲜的覆盖物最好经过雨季初步腐烂后再用，覆草后不少害虫栖息草中，应注意向草上喷药，起到集中诱杀效果，秋季应清理树下落叶和病枝，防止早期落叶病、潜叶蛾、炭疽病等发生。另外不少平原地区总结改进了果园覆草技术，即进行夏覆草、秋翻埋的树盘（树畦）覆草，每年5月进行，用草量1 500千克左右，厚度保持5厘米左右，盖至秋施基肥时翻入地下。

③排水方法：栽植在平原地带、低洼地区和河流下游地区的核桃树，地表往往会有给水或者地下水位太高，将严重影响核桃树的正常生长发育，应及时给予排水解决，以免对树体造成不利的影响或降低产量。

三、核桃整形修剪技术

核桃树如果不修剪，也可以结果，但结果少、果实小、枯枝多、寿命短。在幼树阶段，如果不修剪，任其自由发展，则不易形成良好的丰产树形结构。在盛果期，如果不修剪，就会出现内膛遮阴，枝条枯死，结果部位全部在外围。而且，果实越来越小，小枝干枯严重，病虫害多，更新复壮困难。因此，合理地进行整形修剪，使树冠具有良好的通风透光条件，对于保证幼树健康成长，促进早果丰产，保证成年树的丰产、稳产，保证衰老树更新复壮具有重要意义。

严格来说，核桃树的整形和修剪与苹果树、梨树等是一样的，最好采用疏取分层形或自然开心形等树形。但由于核桃树体高大、枝叶繁多，修剪和不修剪之间的差别不像苹果树、梨树那样明显，因此，核桃树多采用一些简化操作，以提高经济效益。

（一）修剪的时期与方法

1. 修剪的时期

修剪一般在秋季进行，即从核桃采收后到落叶前进行。这个时期修剪不会产生伤流。

核桃树一般不提倡夏季修剪。但如果核桃树长势很旺，结果很少，则要适当地在夏季进行锯伤、拉枝、去直立枝、去方向朝南的且挡光最厉害的大枝等。

2. 修剪的方法

（1）短截　即剪去一年生枝条的一部分，作用是促进新梢生长，增加分枝。通过短截，改变了剪口芽的顶端优势，剪口芽部位新梢生长旺盛，能促进分枝，提高成枝力。

（2）回缩　即对2年生以上枝条进行剪截，作用是减少了枝条，使留下的枝条和衰弱枝组更加健壮。

回缩是衰弱枝组复壮和衰老植株更新修剪必用的技术。尤其是早实核桃和衰老的晚实核桃树，经过若十年结果后往往老化衰弱，利用回缩可以更新复壮。

（3）长放　即对枝条不进行任何剪截，也叫缓放。通过缓放，使枝条生长势缓和，停止生长早，有利于营养积累和花芽分化，同时可促发短枝。

通过撑、拉、拽等方法加大枝条角度，缓和生长势，是幼树整形期间调节各主枝生长势的常用方法。

（4）疏剪　把枝条从基部剪出，由于疏剪去除了部分枝条，改善了光照，相对增加了营养分配，有利于枝条生长及组织成熟。

疏除的对象主要是干枯枝、病虫枝、交叉枝、重叠枝及过密枝等。

（5）背后枝处理　背后枝多着生在母枝先端背下，春季萌发早，生长旺盛，竞争力强，容易使原枝头枯死。处理的方法一般是在萌芽后或枝条伸长初期剪除。如果原母枝变弱或分枝角度较小，可利用背下枝上的背上枝或斜上枝代替原枝头，将原枝头剪除或培养成结果枝组。

（6）徒生枝处理　徒生枝多是由于隐芽受刺激而萌发的直立的不充实的枝条。一般的处理方法是及时剪去。但如果周围枝条少，空间大，则可以通过夏季摘心或短截和春季短截等方法，将其培养成结果枝组，以充实树冠空间，更新衰弱的结果枝组。

（7）二次枝处理　早实核桃结果后容易长出二次枝，控制方法主要如下。第一，在二次枝抽生后未木质化之前，剪除二次枝。第二，凡在一个结果枝上，抽生3个以上的二次枝，可在早期选留1~2个健壮枝，其余全部疏除。第三，在夏季对于选留的二次枝，如果生长过旺，可进行摘心，以控制生长，促进增粗，促进健壮发育，或者在冬季进行短截。

第九章　核桃栽培管理技术

（二）不同年龄时期的修剪

1. 幼龄核桃树的修剪

核桃树在幼龄时期修剪的主要任务是继续培养主侧枝，注意平衡树势，充分利用辅养枝早期结果，开始培养结果枝组等。

主枝和侧枝的延长枝，在有空间的条件下，应继续留头延长生长，对延长枝中截或轻截即可。

对于辅养枝应在有空间的情况下保留，逐渐改造成结果枝组，没有空间的情况下对其进行疏除，以利于通风透光，尽量扩大结果部位。修剪时，一般要去强留弱，或先放后缩，放缩结合，对已影响主侧枝生长的辅养枝，可以进行回缩或逐渐疏除，为主侧枝让路。

早实核桃易发生二次枝条，对其组织不充实和生长过多而造成郁闭者彻底疏除；对其充实健壮并有空间保留者，可用摘心、短截、去弱留强的修剪方法，促其形成结果枝组。

核桃的背后枝长势很强，晚实核桃的背下枝，其生长势比早实核桃更强，对于背后枝的处理，要看母枝的着生情况而定。凡延长部位开张，长势正常的，应及早剪除背后枝；如延长部位势力弱或分枝角度较小，可利用背后枝换头。

培养结果枝组主要是用先放后缩的方法。在早实核桃上，对生长旺盛的长枝，以甩放或轻剪为宜。修剪越轻，发枝量和果枝数越多，且二次枝数量减少。在晚实核桃上，常采用短截旺盛发育枝的方法增加分枝。但短截枝的数量不宜过多，一般为1/3左右。短截的长度，可根据发育枝的长短，进行中、轻度短截。

初果期树势旺盛，内膛易生徒长枝，容易扰乱树形，一般保留价值不大，应及早疏除。如有空间可保留，晚实核桃可用先放后缩法培养成结果枝组；早实核桃可用摘心或短截的方法促发分枝，然后回缩成结果枝组。

2. 盛果期核桃树的修剪

核桃树在盛果时期修剪的主要任务是调节生长与结果的关系，不断改善树冠内的通风透光条件，加强结果枝组的培养与更新。

对于疏散分层形树，此期应逐年落头去顶，以解决光照问题。盛果初期，各级主枝需继续扩大生长，这时应注意控制背后枝，保持源头生长势。当树冠枝展已扩展到计划大小时，可采用交替回缩换头的方法，控制枝向外伸展。对于顶端下垂，生长势衰弱的骨干枝，应重剪回缩更新复壮，留斜生向上的枝条当头，以抬高角度，集中营养，恢复枝条生长势。对于树冠的外围枝，由于多年伸长和分枝，常常密挤、交叉和重叠，适当疏间和回缩。

随着树冠的不断扩大和枝量的不断增加，除继续加强对结果枝组的培养利用外，还应不断地进行复壮更新。对2～3年生的小枝组，可采用去弱留强的办法，不断扩大营养面积，增加结果枝数量。当生长到一定大小，并占满空间时，则应去掉强枝、弱枝，保留中庸枝，促使形成较多的结果母枝。对于中型枝组应及时回缩更新，使枝组内的分枝交替结果，对长势过旺的枝条，可通过去强留弱等加以控制。对于大型枝组，要注意控制其高度和长度，防止"树上长树"。对于已无延伸能力或下部枝条果过弱的大型枝组，可适当回缩，以维持其下部中、小枝组的稳定。

对于辅养枝，如果影响主、侧枝生长者，可视其影响程度，进行回缩或疏除，为其让路，辅养枝过于强旺时，可去强留弱或回缩至弱分枝处，控制其生长；长势中等，分枝较好又有空间者，可剪去枝头，改造成大中型枝组，长期保留结果。

对于徒长枝，可视树冠内部枝条的分布情况而定。如枝条已很密挤，就直接剪去。如果其附近结果枝组已显衰弱，可利用徒长枝分枝后，根据空间大小确定截留长度。为了促其提早分枝，可进行摘心或轻短截，以加速结果枝组的形成。

对于过密、重叠、交叉、细弱、病虫、干枯枝等，要及时除去，以减少不必要的养分消耗，改善树冠内部的通风透光条件等。

3. 衰老期核桃树的修剪

老核桃树主要是更新修剪。随着树龄的增大，骨干枝逐渐枯萎，树冠变小，生长明显变弱，枝条生长量小，结果能力显著下降。对这种老树需进行更新修剪、复壮树势。

修剪应采取抑前促后的方法，对各级骨干枝进行不同程度的回缩，抬高角度，防止下垂。枝组内应采用去弱留强、去老留新的修剪方法，疏除过多的雄花枝和枯死枝。

对于已经出现严重焦梢，生长极度衰弱的老树，可采用主枝或主干回缩的更新方法。一般锯掉主枝或主干的1/5～1/3，使其重新形成树冠。剪锯口要消毒处理并封严。

第九章 核桃栽培管理技术

老核桃树地上重回缩修剪，地下部深翻扩穴，增施有机肥，大树每株200～300千克。

（三）高接树树形和修剪

高接树的整形修剪是促进其尽快恢复树势、提高产量的重要措施，高接树由于截去了头或大枝，当年就能抽生3～6个生长量均超过60厘米以上的大枝，有的枝近2米，如不加以合理修剪，就会使枝条上的大量侧芽萌发。早实核桃易形成大量果枝，结果后下部枝条枯死，难以形成延长枝，使树冠形成缓慢，不能尽快恢复树势，提高产量。

高接树当年抽生的枝条，在秋末落叶前或翌年春发芽前，对选留做骨干枝的枝条（主枝、侧枝），可在枝条的中、上部饱满芽处短截（选留长度以不超过60厘米为宜），以减少果枝数量，促进剪口下第一二个芽抽枝生长。这样经过2～3年，利用砧木庞大的根系能促使枝条旺盛生长的特点，根据高接部位和嫁接头数，将高接树培养成有中央领导干的疏散分层形或开心形树形。对翌年结果的核桃树也一定要进行疏果，以促进其尽快恢复树势，为以后高产打下基础。

四、病虫害防治技术

（一）有害生物的预防

核桃有害生物控制要坚持"预防为主，综合防治"原则，把防治工作贯穿于核桃育苗、栽植、管理、生产采收的全过程。

1）选用壮苗、健苗栽植；栽植核桃前采用黑矾等杀菌剂对土壤进行消毒（亩用量25千克）。

2）加强核桃树土肥水管理，定期修剪，增强核桃树抵抗力。

3）每年春秋季进行深翻树盘，及时清理核桃园枯枝、落叶，破坏病虫越冬环境，消灭越冬病虫。

4）春秋季树干用涂白剂涂白（生石灰12.5千克、硫黄粉0.5千克、食盐0.5千克、水50千克），预防冻害及消灭树皮缝内越冬虫害，阻止害虫产卵。

5）积极预防霜冻。新栽植的核桃幼树可采用堆土套袋、假植等方法进行保护，防止受冻。对一些挂果核桃树可采用树干涂白、喷施防冻剂、当年生新枝缠塑料膜进行防寒。春季根据天气预报可在晚霜来临前，采用喷烟机、烟雾弹、堆燃柴火放烟等办法防止晚霜。

（二）核桃树常见害虫防控技术

1. 木燎尺蠖

又名黄连木尺蠖，一种杂食性食叶害虫，以幼虫为害核桃叶子，严重时可吃光全株叶片。此虫最大特征是常见幼虫竖立在核桃叶上，与核桃枝叶颜色相近，像小棍横置在树杈间。1年发生1代，以蛹于树冠下土中、堰根、梯田石缝内越冬。越冬代成虫于翌年6—8月陆续羽化，7月中下旬羽化盛期。幼虫7—10月均有发生。

（1）人工防治　晚秋或春季根据虫害发生情况，在蛹较集中的园内，刨树盘挖捡虫蛹，压低虫量。

（2）诱杀成虫　利用成虫趋光性，在成虫发生期，设置黑光灯或频振式杀虫灯诱杀成虫，也可清晨人工捕蛾。

（3）药剂防治　初孵幼虫期，采用树冠喷洒5%高效氯氰菊酯乳油3 000倍液或1.2%苦烟乳油1 000倍液、1.8%阿维菌素乳油2 000倍液防治，根据防效可隔周连喷1~3次。

2. 金龟子

为害核桃树有黑绒金龟子、绿铜金龟子、苹毛丽金龟、华北大黑金龟等，杂食性害虫，为害核桃树木叶片、嫩芽，幼虫（蛴螬）为害根。除铜绿金龟子和华北大黑金龟部分以幼虫在土中越冬，其他基本都以成虫在枯枝落叶或土中越冬。其中黑绒金龟子在山西核桃产区为害最重，本书以黑绒金龟子为主介绍，其他金龟子参照此防治。综合防治方法如下。

1）早春越冬成虫出土前，结合春耕，深翻树盘，并在树冠下撒毒土毒杀越冬成虫。

2）利用成虫假死习性，清晨或傍晚敲树振落地面后人工捕杀。

3）核桃地内或周围种植蓖麻，成虫取食此叶后可致死，或扦插用药浸泡过的带叶新鲜杨树枝、柳树枝诱杀成虫。

4）成虫期树冠喷洒2.5%溴氰菊酯（或2.5%氟氯氰菊酯）1 500~2 000倍液、50%马拉硫磷1 000倍液。

3. 双齿绿刺蛾

该虫以初龄幼虫取食核桃叶面下表皮和叶肉，仅留表皮呈网状透明斑，幼虫食性杂，为害多种林木和果树后，影响树势和翌年果树的结果。其刺毛有毒，接触人的皮肤后会引起疼痛和奇痒。

1年发生1代，以老熟幼虫和树干基部或树干伤疤、粗皮裂缝中结茧越冬，有时成排群集。翌年4月下旬开始化蛹，5月中旬开始羽化，越冬代成虫发生期5月中下旬至6月下旬，第1代幼虫发生期在6月上旬至8月初，第1代成虫发生期8月上旬至9月上旬，第2代幼虫发生在8月中旬至10月下旬，10月上旬后2代幼虫逐渐老熟，爬到枝干上寻找适宜场所结茧越冬。低龄幼虫群集叶背为害，3龄以后逐渐分散。综合防治方法如下。

（1）人工防治　秋季结合修剪，人工挖摘虫茧并深埋，减少虫源。

（2）诱杀成虫　成虫出现期开始，利用黑光灯或频振式杀虫灯诱杀成虫。

（3）化学防治　在幼虫发生期树冠喷洒2.5%溴氰菊酯乳剂3 000倍液或50%氯马乳油1 500倍液。一般7～10天喷1次，连喷2～3次。

4. 黄刺蛾

俗名洋辣子、八角丁，以幼虫取食叶片影响树势和结果，幼虫体毛有毒。1年发生1～2代，以老熟幼虫结像麻雀蛋的石灰质茧在枝杈过冬。越冬幼虫于5月下旬至6月上旬化蛹，幼虫于7月上旬至8月下旬取食为害，8月上旬至9月上旬在枝杈结茧越冬。

防治方法参照双齿绿刺蛾。

5. 古毒蛾

以幼虫取食核桃树叶。1年发生2代，以3～4龄幼虫越冬。翌年4月初，越冬幼虫出蛰爬出上树排列群集叶片上取食叶肉，有吐丝下垂习性。5月下旬开始化蛹，6月上中旬成虫羽化。7月中下旬第1代成虫羽化。9月中下旬第2代成虫羽化。10月中下旬幼虫开始下树在树皮裂缝、树盘下石缝、屋檐等背风向阳处吐丝结薄网群集过冬。防治方法如下。

（1）人工防治　人工摘卵块和3龄幼虫，集中杀死。下午捕杀交尾雌蛾。

（2）灯光诱杀　在成虫羽化期，挂黑光灯诱杀成蛾。

（3）化学防治　幼虫3龄前，树冠喷4.5%高效氯氰菊酯、2.5%溴氰菊酯2 000～3 000倍液。

6. 舞毒蛾

为杂食性害虫，1年1代，以卵越冬。幼虫取食核桃树叶，食量大，几周内可把树叶吃光。防治方法如下。

（1）幼虫期　树冠喷施舞毒蛾病毒或取舞毒蛾1个病死虫尸捣碎加3 000～5 000倍液水，用3～4层纱布过滤后喷雾防治，或用4.5%高效氯氰菊酯、2.5%溴氰菊酯2 000～3 000倍液喷雾防治。

（2）成虫期　性引诱剂诱杀，或在核桃林地设置黑光灯进行诱杀。

（3）秋、冬季　刮除或敲击卵块，集中烧毁，或用煤油沥青混合液涂抹卵块。

7. 草履蚧

以若虫、雌虫刺吸嫩芽、枝条汁液，造成核桃枝枯，影响挂果。1年发生1代，以卵在核桃树基周围10厘米深的枯枝落叶或土层中越冬，一年春季气温刚开始回升即孵化出土爬行上树为害。防治方法如下。

（1）人工防治　秋、冬季结合树盘深翻施肥，清理核桃园落叶，挖出过冬卵囊集中烧死。

（2）阻隔防治　若虫孵化上树前（2月上旬左右），树干涂20厘米左右粘虫胶闭合药环，也可用废机油加药剂树干涂环，粘阻其上树为害。

（3）化学防治　在若虫初孵化上树期，树枝梢喷药防治，可选用0.3波美度石硫合剂、48%毒死蜱600～800倍液喷雾；根据发生情况可隔周连喷1～2次。

（4）生物防治　保护红环瓢虫。

8. 蚜虫

俗称油旱。以成虫、若虫吸食核桃新梢、叶片汁液、引起核桃叶枯萎弯曲，嫩叶卷缩，枝条不能生长。蚜虫还排出大量蜜露，布满叶面和枝梢，导致煤污病而使叶片变黑，易引起早期落叶。防治方法如下。

（1）核桃树修剪管理　冬季剪除卵枝或刮除枝干上的越冬卵，以消灭虫源。

（2）在成蚜、若蚜发生期　特别是第1代若蚜期，用10%吡虫啉可湿性粉剂2 000倍液喷雾；也可在树干基部打孔注射或在刮去老皮的树干上用50%氯胺磷乳油、40%氧乐果乳油5～10倍液涂5～10厘米宽的药环。

9. 核桃吉丁虫

以幼虫在枝干皮层中蛀食，受害枝条不但叶片枯黄早落，还整枝枯死。核桃受害后，2年生小枝每隔一段距离有一白色物质固着于树皮的表皮。剥开受害枝条，能清楚地看到螺旋形的蛀道。

该虫1年发生1代。以幼虫在2~3年生枝条的木质部内越冬。越冬幼虫5月下旬开始化蛹，化蛹盛期在6月，产卵盛期在7月中下旬。越冬幼虫很早就开始为害。受害严重的表现期为7月下旬至8月下旬，此时能见到枯死的枝条和枯黄的叶片。防治方法如下。

1）彻底剪除被害虫枝、枯枝，剪虫枝时间最好在核桃发芽后至成虫发生前。

2）加强核桃树的综合管理，增强树势，春旱时必须适时浇水，有条件的地方应增加施肥。

3）饵木诱杀。成虫产卵时在园内放置2~3年生的核桃枝条，产卵后集中销毁。

4）成虫发生期树冠喷5% S-氰戊菊酯、2.5%氟氯氰菊酯、2.5%溴氰菊酯乳油1 500~2 000倍液。

10. 云斑天牛

又名核桃大天牛。为害核桃主干。幼虫在核桃树干皮层及木质部钻蛀隧道，从蛀孔排出粪便和木屑，使被害部位皮层稍开裂，受害树因营养器官被破坏，逐渐干枯死亡。防治方法如下。

1）人工捕杀成虫。利用成虫不喜飞翔，行动慢，受惊后发出声音的特点，于成虫发生期早晨人工捕捉。

2）杀卵和初孵幼虫。检查寻找成虫产卵刻槽，用刀挖或用锤子等物将卵砸死。在产卵刻槽处涂抹50%氯胺磷乳油杀死初孵幼虫。

3）幼虫蛀干有粪屑排出时，用刀将皮剥开挖出幼虫，或冲虫孔注入50%敌敌畏100倍液，或用药泥浸药棉球堵塞、封虫孔，毒杀干内害虫。

4）于8月中旬至9月下旬在虫孔塞磷化铝药片，熏杀成虫、幼虫。

5）冬季或产卵前，树干涂白，防止成虫产卵。

6）对严重受害木（即濒死枯死木）秋冬或早春砍伐后及时处理，以减少虫源。

11. 四点象天牛

以成虫取食核桃枝条嫩皮，幼虫蛀食皮层和木质部，削弱树势，为害严重时引起枯枝死树。1~2年发生1代，以幼虫过冬，一部分幼虫于翌年5—6月陆续化蛹，成虫羽化经过一段取食嫩枝干皮层补充营养，雌雄交配产卵。幼虫孵化后蛀食皮层为害，秋末以幼虫过冬，翌年幼虫取食为害，5—6月化蛹。防治方法如下。

（1）人工防治　加强综合管理，增强树势，提高抗虫力。冬季清扫落叶集中烧毁，生长季经常检查病虫枯枝及时清除烧毁，人工检查产卵刻槽，砸产卵刻槽消灭卵。5—6月捕捉成虫。

（2）药物防治　成虫活动产卵期，喷8%氯氰菊酯（绿色威雷）300～500倍液或48%噻虫啉乳油6 000倍液或1.2%苦烟乳油1 000倍液、1.8%阿维菌素乳油4 000倍液防治成虫杀卵，喷药重点在枝干，压力要大，喷到缝隙、裂皮刻槽内。

12. 桑白蚧

又名桑盾蚧、桃介壳虫，以雌成虫和若虫群集固着在枝干上吸食养分，严重时灰白色的介壳密集重叠，形成枝条表面凹凸不平，树势衰弱，枯枝增多，甚至全株死亡。防治方法如下。

（1）人工防治　休眠期用硬毛刷或细钢丝刷刷除寄主枝干上的虫体。剪除被害严重的枝条。

（2）化学防治　春季发芽前选择40%氧乐果1 000倍液+敌敌畏800倍液；5月中下旬和8月上旬选择20%丁硫克百威乳油1 200倍液、48%毒死蜱1 000倍液。若虫为害盛期主干或主枝涂药防治用10%吡虫啉10倍液。其方法是在主干（幼树）或每个主枝（大树）的后部（不用刮皮），用卫生纸包在主干上，厚3～5层，宽度10厘米。

13. 大青叶蝉

也叫浮沉子。以成虫、若虫群集于幼嫩枝叶上吸食汁液。对核桃树的为害主要是在成虫产卵时刺破枝条表皮，阻碍养分流通，影响正常生长，被害枝条还易遭受冻害或造成抽条，尤其是对幼树的影响更大。

该虫1年发生3代。以卵在核桃树等枝条表皮下越冬，4月初越冬卵孵化后转移到农作物上为害，成虫若虫均群集性强，多在午后至黄昏活动。第1代成虫于6月出现，第2代在7月下旬出现，第3代在10月出现，在苗木干部和枝条上用锯状产卵器刺破表皮，将卵产于韧皮部中，成虫有趋光性。防治方法如下。

（1）人工防治　越冬期人工用硬物按压月牙形虫卵。

（2）化学防治　在9月底10月初，当雌成虫转移至树木产卵以及4月中旬越冬卵孵化转移到矮小植物上时，集中喷药防治。

第九章　核桃栽培管理技术

14. 核桃举肢蛾

俗称"核桃黑"，以幼虫蛀食核桃果实和种仁，被害果变黑，常提早脱落。1年1代，以老熟幼虫于树冠下土中或杂草中结茧越冬，翌年6月上旬至7月下旬越冬幼虫化蛹，6月下旬至7月上旬为越冬代成虫盛发期，6月中、下旬幼虫钻入果实开始为害。防治方法如下。

1）早春4月底前或晚秋进行刨树盘，刨盘的同时，拣出土中的虫茧，集中消灭。

2）5月上中旬成虫出土前在刨过的树盘内，喷施25%辛硫磷微胶囊1千克/公顷2 500倍液或除虫精粉剂2千克/公顷等杀虫剂，施药后要浅锄，使药剂与土壤充分混合均匀。

3）成虫羽化期，采用性诱剂诱捕雄成虫，减少交配，降低虫口密度。

4）及时采拾被害果，将被害果集中烧毁或深埋土中，直接消灭越冬虫源。

5）6月中旬至7月中旬，成虫羽化产卵盛期每隔10天树冠喷药（共喷3次）。药剂可选用2.5%溴氰菊酯乳油2 000倍液或1.2%苦烟乳油1 000倍液、1.8%阿维菌素乳油2 000倍液。

（三）核桃树常见病害防控技术

1. 核桃腐烂病

真菌性病害，主要为害枝干。幼树主干或大枝染病，病斑暗灰色水渍状肿起，用手按压流有泡沫状或黑水液体并有酒糟味，后病皮失水下凹或皮层纵裂，病斑上散生许多小黑点。大树主干染病初期，症状隐在韧皮部，外表不易看出，当看出症状时皮下病部也扩展20～30厘米，流油黏稠状黑水，常糊在树干上。严重影响核桃树生长及挂果。防治方法如下。

1）加强核桃园管理，增施有机肥，合理修剪，增强树势。

2）预防冻害，冬季树干涂白。

3）发病后于早春及生长季节及时刮治病斑，刮除后喷涂甲基硫菌灵等腐烂病专用药剂。

2. 核桃枝枯病

真菌侵染引起。核桃受害后，枝条上的叶片逐渐变黄、脱落、病枝皮层逐渐失绿，初期变成灰褐色，随后变为浅红褐色至深灰色，皮层干燥开裂并露出灰褐色的木质部，当病斑扩展为绕枝干一周时，枝条枯死，影响树体生长和核桃的产量、品质。防治方法如下。

1）彻底清园。冬季扫除园内枯枝、落叶、病果并带出园外烧毁。秋冬季进行树干涂白。

2）加强土肥水管理，促进树体健壮生长，提高抗病能力。

3）剪除枯枝。发现病枝及时剪除，带出园外烧毁。同时搞好夏剪，疏除密闭枝、病虫枝、徒长枝，改善通风透光条件，降低发病率。

4）药剂防治。在6—8月选用70%甲基硫菌灵可湿性粉剂800～1 000倍液或80%代森锰锌可湿性粉剂600～800倍液喷雾防治，每隔10天喷一次，连喷3～4次。

3. 核桃黑斑病

又称黑腐病，细菌性病害。病原细菌在枝梢或芽内越冬，为害核桃叶、果或嫩枝染病。幼果染病，果面生褐色小斑点，边缘不明显，后成片变黑深达果肉，致整个核桃及核仁全部变黑或腐烂脱落。近成熟果实染病后，先局限在外果皮，后波及中果皮，致果皮病部脱落，内果皮外漏，核仁完好。叶片染病，先在叶脉上现近圆形或多角形小褐斑，扩展后相互愈合，病斑外围生水渍状晕圈，后期少数穿孔，病叶皱缩畸形。防治方法如下。

1）加强水、肥管理，山坡地注意刨树盘，蓄水保墒，增强树势。

2）清除病叶、病果，核桃采收后脱下的果皮，集中烧毁或深埋，剪除病、枯枝。

3）及时防治核桃举肢蛾等害虫，采果时避免损伤枝条。

4）核桃展叶时及落花后喷洒等量波尔多液200倍液，或40万单位青霉素钾盐5 000倍液。

4. 核桃白粉病

真菌性病害。发病初期，叶面产生褪绿或黄色斑块，严重时叶片变形扭曲、皱缩，嫩芽不展开。并在叶片正面或反面出现白色、圆形粉层。后期在粉层中产生褐色至黑色小粒点，或粉层消失只见黑色小粒点。防治方法如下。

1）清除病残枝叶，减少发病来源。

2）发病初期可用0.2～0.3波美度石硫合剂喷洒。夏季用50%甲基硫菌灵可湿性粉剂1 000倍液，或15%三唑酮可湿性粉剂1 500倍液喷洒。

5. 核桃根腐病

真菌性病害，病原菌存活的土壤中，当核桃树生长不健壮时侵入根部，

第九章　核桃栽培管理技术

造成核桃树叶片向上卷缩萎蔫，叶缘焦枯，枝条生长衰弱，叶小色淡，有的开花后不坐果，有时花蕾皱缩不能开，枝条失水皮层皱缩或干死。严重时叶片提早脱落。挖开根部可见先从须根（吸收根）开始，病根变褐枯死，后延及上部的肉质根，围绕须根的基部形成1个红褐色的圆斑。病斑进一步扩大，并相互连片深达木质部，致使整段根变黑死亡。防治方法如下。

（1）农业防治　增施有机肥料，干旱缺水时及时灌溉，加强松土保墒，合理修剪，控制大小年。

（2）药剂防治　结合开沟施肥，灌硫酸铜100倍液，或70%甲基硫菌灵500～1 000倍液。每株树灌50～75千克药液。

（四）核桃树有害动物防控技术

松鼠是小型哺乳动物，核桃成熟期啃食核桃果实或将果实作为过冬食物偷藏。预防方法如下。

1）核桃成熟期，用防啃剂涂抹主干和树冠喷洒，涂干高50～70厘米，预防（驱避）松鼠上树啃食。

2）树干涂抹70厘米宽粘虫胶粘杀。

3）人工套提。用铁皮、塑料制成70厘米高漏斗，小口径朝下，将核桃主干围起来，阻隔松鼠上树。

五、低产林改造技术

（一）改造对象

对低产核桃林中的劣株，以及混杂的泡核桃、胡桃楸和非目的品种，选用核桃良种接穗，进行高接换种。

（二）确定品种

选用山西省确定的主栽品种——晋香。

（三）高接换优种

1. 枝接

（1）接穗的采集标准与贮藏　硬枝接穗是指采集的一年生枝条，为枝接用。其合格标准为粗1～2厘米，发育充实、髓心较小的发育枝。采集时间从核桃落叶后直到芽萌动前都可进行。冬季寒冷或早春枝条易抽梢地区，宜在元旦前后采集。采后剪口涂漆（减少伤流）。穗条剪口封蜡，按品种分类，每100根扎一捆，拴好标签。并及时放入背阴处的地窖中，用湿沙将接穗缝隙灌严，温度控制在5℃左右。地可挖2米深的坑，放完接穗后，其上至少覆盖50厘米的湿土。当贮存穗条量大时，地窖应设通风口。冬季气温不寒冷区可在春季芽萌动之前采集，此时可随采随用或低温短期贮藏。

（2）嫁接时间及前期准备

①嫁接时期：山西省一般为4月下旬至5月下旬。以高接树萌芽后展叶3～5厘米长时为最佳，这时气温高而稳定，树体生长旺盛，伤流量小，愈合快，有利于提高嫁接成活率。

②剪砧：高接3～5天，剪除砧木上部部分枝梢或抛开根部土壤，切断直径1～2厘米的细根1～2条，使伤流液提前从枝条伤口或根部溢出。

③放水：高接时应在树干基部距地面20厘米处或分枝基部锯2～3个斜向、互相错开、呈螺旋状锯口，深达木质部，减少伤流影响。

（3）嫁接方法　现在主要采用塑料膜扎封插皮舌接法。塑膜扎封插皮舌接法操作简便、省工，嫁接速度快，如果技术掌握熟练，成活率可达到90%。

（4）后期管理

①绑枝前：春季高接后20～25天接穗开始萌发，当新梢长到30厘米时，及时在接口处绑1.5米长的支棍，将新梢轻缚在支棍上，以防风折。随着新梢的伸长应再绑缚一两次，并及时摘心，促进木质化。

②解绑：新梢长至60～80厘米时，接口的愈伤组织已愈合填满，砧、穗牢固结合在一起。此时可将绑缚物全部去除但不要碰伤嫁接愈合体。

2.芽接

（1）嫁接准备

①截枝：当年4月中旬开始对被改造核桃树进行截枝，截枝时要注意根据树的骨架预留3～5枝作为嫁接主枝，在距主干10～15厘米处锯除，其他枝全部锯除。截枝时应避免截除直径10厘米以上的大枝，如遇主枝过大时，可根据实际情况适当提高截枝部位。

②抹芽：当新芽长到10厘米以上时，每枝留1～2个壮芽，其余全部抹除。

（2）嫁接　当年5月中下旬，新梢长到60厘米以上，基部基本木质化时，采集早实良种核桃接穗进行大方块芽接。嫁接方法与大田苗圃基本相同。

（3）接后管理

①抹芽：接后注意加强肥水管理，及时抹除实生芽。

②解绑：待嫁接新芽长到30厘米以上时解除绑缚油纸条。

③摘心：如新梢生长过快，6月中旬已超过60厘米时，应掐顶促其分枝。

④整形：嫁接第二年，要注意树形修整。因为改接树长势旺，分枝力强，容易造成树形紊乱，所以要特别注意树形修整工作，留好主侧枝，保持良好骨架，为以后丰产打好基础。

（四）强化土肥管理

对地势平缓、土壤条件差的核桃林，每年冬季应在核桃树周围进行深翻扩穴，深度50～60厘米。对坡度较大的核桃林，要修筑梯田或鱼鳞坑。每年结合深翻进行施肥，亩施农家肥1 500～2 000千克，复合肥40～50千克；生长季节追肥2～3次，每次亩施硫酸钾和磷酸二铵各30～40千克。一般要求第四年完成全园深翻。每年秋末冬初进行树盘覆草，每株覆草厚度20厘米，以保蓄土壤水分。

（五）整形修剪

对树体衰弱、树龄偏老、病虫为害严重的核桃树，要进行大枝回缩更新复壮修剪，以促发新枝，形成新的树冠。高接换种的核桃林，接后1～3年要培养好各级骨干枝，原则上不疏剪，对骨干枝进行轻剪，其他枝短剪，促发新枝，快速恢复树冠。第三年以后，修剪的主要目的是调节各级骨干枝，维持树体平衡，适度疏剪，培养结果枝组，继续对骨干枝进行中度短剪，对下垂枝在健壮分叉处回缩。对辅养枝、徒长枝采用缓放处理，待其上发枝后进行回缩，培养结果枝组。及时剪除交叉枝、重叠枝、密生枝、病虫枝，修剪下的枝条要及时清理。

六、核桃管理周年历

季节	时间	物候期	工作项目	工作内容和技术措施
春季	3月	树液开始流动、顶芽膨大期	1. 栽植建园 2. 育苗 3. 枝接 4. 整形修剪 5. 腐烂病防治	1. 栽植建园：进行示范园建设规划，确定栽植品种，密度和受粉品种。定植穴0.8~1米见方，每穴施农家肥30~50千克。栽植前苗木根系在清水中浸泡12小时左右，栽植时边填土边踩实，土埋至苗木原土痕以上3厘米处，然后浇水，覆盖地膜，树干涂白。 2. 育苗：3月初将核桃种子浸泡在清水中，每天换水1~2次，7天左右将种子捞出摊在土地面上晾晒，种子裂口，进行播种。苗圃地每亩施尿素15千克，过磷酸钙50千克。宽窄行间作育苗，宽行60厘米，窄行40厘米，株距15~20厘米，每亩产苗6 000~8 000株。 3. 枝接：主要用于大树高接换优，采用插皮古接法。 4. 整形修剪：幼树萌芽后整形修剪，修剪未来修剪的大树。 5. 防治腐烂病：仔细检查主干主枝，发现腐烂病及时刮治，可用辛菌胺醋酸盐（生皮宝）等药剂涂抹
	4月	展叶开花、受粉及新梢生长期	1. 金龟子防治 2. 嫁接 3. 防霜冻 4. 追肥浇水	1. 防治金龟子：发现有金龟子为害，及时喷洒高效氯氟氰菊酯（功夫）等药剂。 2. 苗木嫁接：接穗上年12月或当年2月初采集，并进行金龟子防治，放置在屋后阴凉处。核桃发芽时进行嫁接，沙藏的接穗还没有发芽时进行，采用插皮接、劈接、双舌接技术。用地膜将嫁接应和接穗绑严，接穗芽处用单地膜绑紧。嫁接后20天左右抹除砧木实生芽，促进接穗芽萌发生长。技术同上 3. 防霜冻：4月晚霜危害严重，气温突然降到0℃以下，使核桃花和新梢枯萎。防治办法：听天气预报，出现突然降温到0℃以下时，核桃树进行熏烟。选育抗霜冻品种 4. 追肥：选用速效高氮复合肥为主进行追肥。施肥量中要嫁接的树每株施半斤（1斤=500克），盛果期每株施3斤，离树干1.2~1.5米，然后浇水
	5月	幼果发育期	1. 抹芽 2. 中耕除草	1. 抹芽：新栽树定干后及时抹除萌蘖 2. 中耕除草：疏松土壤，清除杂草

（续表）

季节	时间	物候期	工作项目	工作内容和技术措施
夏季	6月	果实膨大期	1. 方块芽接 2. 施肥 3. 夏季修剪	1. 方块芽接：用于苗圃地育苗；大树高接换优 2. 施肥：6月下旬至7月上旬施氮、磷、钾复合肥。幼树每株施纯氮（N）50克，五氧化二磷（P_2O_5）20克，氧化钾（K_2O）20克。初挂果树每株施纯氮（N）100克，五氧化二磷（P_2O_5）100～200克，氧化钾（K_2O）100～200克。盛果期每株施纯氮（N）200克，五氧化二磷（P_2O_5）200～400克，氧化钾（K_2O）200～400克。施肥后浇水 3. 夏季修剪主要控制二次枝，疏除过密枝、病虫枝
	7月	硬核期	1. 病虫防治 2. 中耕除草	1. 病虫防治： ①防止日灼：2%的生石灰水喷洒树冠，每半月一次，共2～3次 ②防治举肢蛾、吉丁虫、黄刺蛾等害虫：用25%灭幼脲2000倍液或5%阿维菌素5000倍液或甲维盐2000倍液喷洒树冠和树冠下地面 2. 清除杂草，疏松土壤
	8月	脂肪形成积累期	捡拾落果	捡拾落在地面的虫果、病果并进行深埋
秋季	9月	果实成熟期	1. 果实采收 2. 脱青皮 3. 晾晒	1. 果实成熟的标志是青果果皮由深绿色变为淡黄、部分外皮裂口，青果皮易剥落。采用人工采摘或长木杆夹取 2. 青果在0.3%～0.5%的乙烯利溶液浸泡半分钟捞出，在阴凉通风处堆成50厘米的厚度，上面覆盖厚10厘米的干草，3～5天就可脱皮，然后在行清水中刷洗，再进行晾干或烘干 3. 核桃晾干的标准：坚果碰敲声音脆响，横隔膜用手捻易碎，种仁含水量不超过8%

（续表）

季节	时间	物候期	工作项目	工作内容和技术措施
秋季	10月	叶变黄开始落叶期	1. 施基肥 2. 整形修剪 3. 深翻土壤	1. 基肥（厩肥、堆肥等农家肥）：根据土壤的肥力、核桃树生长状况和结果量，确定肥料种类和施肥量。可参照如下标准：幼树每株农家肥25～50千克，尿素0.1～0.2千克，过磷酸钙0.3～0.5千克混合施入。结果初期每株农家肥50～100千克，尿素0.3～0.5千克，过磷酸钙1～1.5千克，硫酸钾0.15～0.25千克混合施入。盛果期每株农家肥100～200千克，尿素0.6～1.5千克，过磷酸钙1.5～2.5千克，硫酸钾0.25～0.5千克混合施入。施肥方法：在树冠过边缘挖宽40～50厘米，深40～60厘米的环状沟，将混合的肥料施入后埋土 2. 秋季修剪：幼树培育丰产树形。主要树形有主干疏层形、自然开心形和自由纺锤形。结果初期培养主侧枝和结果枝组，及时控制二次枝，处理好背下枝。盛果期控制树冠外移，解决好通风透光，不断更新结果枝组 3. 对核桃园的土壤进行深翻，可结合施基肥进行。同时防止举肢蛾幼虫在土壤中越冬
冬季	11月	落叶期	清园	对核桃园的枯枝落叶扫净，集中烧毁或深埋
	12月至年2月	休眠期	1. 树干涂白 2. 浇水 3. 种子沙藏处理 4. 接穗采集、贮存	1. 树干涂白：涂白剂配制（生石灰10份、硫黄1份、食盐1份、水40份），加少量动物油混合涂抹树干 2. 有条件的地方浇一次越冬水 3. 育苗核桃种子2月用清水浸泡3～5天，每天换水，然后进行沙藏，3月就可以播种育苗 4. 冬季采集接穗后，放在背阴干燥处进行沙藏或放在窖内贮藏

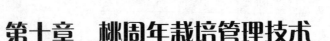

第十章 桃周年栽培管理技术

一、12月至1月下旬休眠期

（一）冬剪

冬剪的主要任务是培养树形，平衡树势，培养骨干枝以及结果枝组。

1. 树形

树的丰产树形主要有"Y"字形、主干形和三主枝自然开心形，树形的选择一般依密度、品种特性和计划结果年限而定，其中密度是影响树形最主要的因素。株距在1～1.5米，行距在1.5～2米，中间行选择主干形较多，边行可选择"Y"字形或自然开心形；株距在1.5～2米，行距在2～3米时，选择"Y"字形的较多，也可选择主干形；株距在3米以上的，一般选择三主枝自然开心形。

2. 修剪

主要措施有疏枝、短截、长放、回缩等措施。

1）回缩骨干枝，使行间有1～1.5米的空间，株间有60～80厘米的空间。

2）保持结果枝的生长量与数量。外围结果枝平均长度为25厘米左右较合适，相邻结果枝头相互之间距离一般为20～25厘米，最多为30厘米。

3）适当回缩结果枝组，加强肥水管理，使多年生枝的中下部萌发出徒长枝或较旺的营养枝，然后采用扭梢让其形成花芽，以培养新的中、小型结果枝组。

4）更新中、小型结果枝组。回缩前端过多结果枝，通常剪去1/3～1/2，结果枝与更新枝按1∶1比例剪留。

5）修剪后直径在1厘米以上的剪锯口须及时涂抹保护剂，减少流胶病的发生。

（二）防治病虫害

1）清除枯枝落叶，将其深埋或烧毁。结合冬剪，剪除病虫枝梢、病僵果。

2）用胶体杀菌剂涂抹流胶病病斑。

3）刮除腐烂病病斑，用21%过氧乙酸5倍液消毒后涂愈合剂保护。

二、1月下旬至2月下旬芽萌动期

（一）追肥

1）肥料种类为氮肥、磷肥、钾肥与有机肥配合施用。

2）株产35～50千克果实的桃树，单株施优质腐熟人畜粪40千克、尿素0.25千克、过磷酸钙0.15千克、钾肥0.4千克。

3）施肥方法：在树冠下面靠近根系分布区，挖2～3个施肥坑，将有机肥与氮、磷、钾肥充分混匀后施入，施后及时盖土。

4）树势旺的桃树，春季应尽量少施或不施氮肥。

（二）预防花芽冻害

用少量水将石灰消解成糊状，过滤后加以稀释（5%～7%），细致喷布于树体枝梢，可减轻花芽冻害。

（三）防治病虫害

1. 喷药

全园细致喷布一次3～5波美度石硫合剂，防治桃褐腐病、流胶病、炭疽病、穿孔病、红蜘蛛、介壳虫等病虫害。

2. 刮树皮

早春刮除树干上粗糙开裂老皮和分枝处的皱褶及分枝上的老皮，并捡净烧毁。但不可刮除过深，以免引起冻害和流胶，刮后涂抹10～15波美度石硫合剂防治病虫害。

3. 树干涂白

涂白剂按水10升、生石灰3千克、食盐0.5千克、石硫合剂原液0.5千克配

制。用毛刷均匀涂在树干及大枝上，分叉处和根颈部也要涂到。

（四）建园

选择土层深厚、排水良好的沙壤土建园。苗木应符合其应有的一级苗规格，不带有检疫对象，无根瘤病、冠腐病和介壳虫等病虫害。起苗、运苗过程中保护根系，栽植前喷3～5波美度石硫合剂。园地在上年秋季亩施基肥2 000～3 000千克，树坑1米见方。栽植时深坑浅栽，以原苗圃中起苗时土迹为度，栽后及时灌水并覆膜，以提温保墒，促进根系生长。

三、3月上旬至3月下旬花芽膨大期

（一）防冻

1）全树喷打防冻剂，如北京好普生康福宝1 200倍液或天达2116（果树专用型）等。

2）喷布浓度为500～2 000毫克/千克的抑芽丹（又称青鲜素、MH），可推迟花期4～6天。

3）熏烟：按重量比例，取硝铵3份、柴油1份、锯末6份，混合配制成烟雾剂，要密切关注天气变化，实行群防效果好。

（二）施肥浇水

1）盛果期树株施尿素或过磷酸钙0.5～1千克，幼树0.3～0.5千克，采用穴施，施后浇透水。

2）树干涂抹稀土氨基酸或使用氨基酸水溶肥喷涂宝。

（三）花前复剪

3月上旬剪除冬季遗留的枯枝、中间没有叶芽的秋梢等，抹除大伤口旁边的徒长芽及延长枝背上的芽。冬季修剪留枝过密的，其背上结果枝应适当疏除，使结果枝相互不交叉，上下不重叠。综合考虑树势、土肥水状况及当年产量大小，疏去1/3～1/2花蕾。

（四）防病虫害

1）涂药环：花前在树干上刮除一环老皮，至见到白绿色为止，用10%吡虫啉5倍液涂抹，并包扎塑料薄膜（1个月后解除），可基本控制生长前期病虫害对桃芽的为害。

2）刮除腐烂病病斑，涂抹康复剂。

3）若有金龟子为害，可利用其假死性于早晨或傍晚振树捕杀。

4）在花瓣露红时喷1次1∶1∶100波尔多液或40%多菌灵胶悬剂400倍液，防治桃缩叶病。

5）刮除枝条上介壳虫越冬雌成虫。

四、3月下旬至4月中旬开花期

（一）叶面喷肥

初花期、盛花期各喷一次0.3%硼酸+0.3%磷酸二氢钾，弱树在盛花期喷赤霉素（30千克水+1克赤霉素），天气干旱时可结合花期喷水。

（二）辅助授粉

对花粉少或无花粉的品种，除配置授粉树外，还可在桃园放蜂，1箱蜜蜂3亩园，在花芽萌动期即移入园内，在花开50%时，放出蜜蜂，让其采蜜授粉。花期如遇低温、连阴雨、大风等不良气候或遭受晚霜危害时，需进行人工授粉或挂花瓶。

（三）疏花

疏去背上花、双花、病花、虫花、伤花及果枝中下部花。

五、4月中旬至4月下旬坐果及新梢生长始期

（一）喷药

1）落花90%前后喷22.4%螺虫乙酯悬浮剂4 000倍液（或50%吡蚜酮3 000～5 000倍液、20%丁硫克百威3 000倍液）+20%四螨嗪2 000倍液+70%甲基硫菌灵可湿性粉剂或50%异菌脲可湿性粉剂1 000倍液，防治桃蚜、红蜘蛛、桃褐腐病、炭疽病、穿孔病等。

2）防治流胶病，用过氧乙酸（果福康）10倍液涂抹流胶处。

3）悬挂糖醋液、黑光灯、性诱剂等，诱杀桃蛀螟、卷叶蛾、金龟子等

害虫。

（二）抹芽

1）抹除双芽。

2）按整形修剪的需要调节剪口芽的方向和角度，抹除剪锯口附近或幼树主干上发出的无用枝芽。

3）抹除直立芽、徒长芽。

（三）生草

生草有人工种草和自然生草两种方式。生草范围有全园生草和行间、株间生草，草种可选用白三叶、扁茎黄芪、草木樨等。亩用籽量1～1.5千克（以行间生草计），雨后播撒或条播，出苗后注意消灭其他杂草。

六、4月下旬至5月上旬幼果发育及新梢生长期

（一）疏果

一般先疏双果、不落瓣果、畸形果、病虫果和预备枝上及果枝基部果，留侧生的壮果。掌握下面少留、上面多留、内膛少留、外围多留的原则。

（二）追肥浇水

1. 施肥

长势偏弱的树株施碳铵0.5千克左右，幼旺树勿施肥，但也需此期灌水一次。

2. 叶面喷肥

叶面喷施0.3%尿素+0.3%磷酸二氢钾+0.2%硫酸亚铁+0.1%硫酸锌溶液，兼治黄叶病和小叶病。

3. 拉枝

幼旺树适度拉枝，可均衡树势枝势，改善光照，促进枝梢健壮生长和花芽形成。

4. 喷药

1）4月下旬至5月初，喷80%代森锰锌（喷克或大生M-45）可湿性粉剂600～800倍液或40%多菌灵胶悬剂400～600倍液1～2次，防治穿孔病、疮痂

病、炭疽病、褐腐病等。

2）经常检查树体防治红颈天牛。

3）发现虫孔后，用粗铁条挖掏蛀孔内的幼虫，并用泥堵死蛀孔。

4）在排粪孔内填塞1/4磷化铝药片，再用黄泥封杀。

5）在蛀孔内灌注80%敌敌畏乳油1 500倍液。

七、5月上旬至5月中旬早熟品种硬核期及新梢速长期

（一）定果

生理落果期过后按合理坐果指标进行定果。

1. 按枝留果

一般长果枝留果3～4个，中果枝留果2～3个，短果枝留果1～2个，花束状果枝每3～4个枝留1个果。

2. 按果型留果

一般小型果间距10～15厘米，中型果间距15～20厘米，大型果间距20～25厘米。

（二）喷药

1）蚜虫、介壳虫、红蜘蛛发生普遍时，可喷布10%吡虫啉可湿性粉剂3 000倍液混+20%哒螨灵可湿性粉剂2 000倍液。

2）梨小食心虫、桃蛀螟、桃小食心虫、棉铃虫、潜叶蛾等发生普遍时，用2.5%氟氯氰菊酯乳油2 500倍液或20%甲氰菊酯乳油2 500倍液喷雾。

（三）叶面喷肥

叶面喷施0.3%尿素+0.3磷酸二氢钾，叶背着药。也可树干涂抹稀土氨基酸或氨基喷涂宝。

（四）夏季修剪

1）对骨干枝延长方向、角度不适或剪口芽选留不当的，要进行调整。

2）背上竞争枝或旺枝过密者疏除，有空间的进行短截。

3）徒长性结果枝有空间者留30～40厘米或1～2个副梢摘心。

第十章 桃周年栽培管理技术

八、5月中旬至5月下旬中熟果硬核及早熟果果实膨大期

（一）套袋

1. 套袋前用药

1）杀菌剂：用80%代森锰锌（喷克或大生M-45）（68.75%代森锰锌1 500倍液或丙森锌、代森联等保护性杀菌剂）与40%氟硅唑（福星）8 000倍液或10%多抗霉素1 500倍液或中生菌素600倍液或多菌灵等治疗剂交替使用。

2）杀虫、杀螨剂：2%阿维菌素3 000倍液，20%炔螨特1500倍液，4.5%高效氯氰菊酯2 000倍液，20%三唑锡1 200倍液，3%啶虫脒3 000倍液等，针对性使用。

3）喷药时间应避开上午或高温，细雾匀喷，药液在树叶上不积不淌。

2. 套袋

纸袋可选用黄色单层袋。袋口封扎紧密，严防雨水进入袋内。

（二）肥水管理

1. 土施

株施含钾量高的复合肥0.5千克，此期追肥不可过量，以防裂果。采用沟施，施肥后视土壤干湿情况适量灌水，将大水漫灌改为沟灌或喷灌，水干后及时覆土。

2. 喷肥

叶面喷0.3%尿素+0.3%磷酸二氢钾溶液。

3. 夏季修剪

骨干枝的延长头选用中庸偏旺的新梢，并让其水平生长，将方向、角度不适宜的剪去，将直立枝留15厘米短截，疏除各主枝的延长枝及主干上的轮生枝。

九、6月上旬至6月中旬早熟果成熟期及中熟果果实膨大期

（一）早熟桃成熟分批采摘

采摘后注意保护叶片，以免红蜘蛛为害。

（二）病虫害防治

（1）防治红蜘蛛、食心虫、潜叶蛾、椿象等　喷20%炔螨特1 500倍液

或1.8%阿维菌素乳油2 000倍液+5%高效氯氰菊酯2 500倍液。

（2）防治细菌性穿孔病、真菌性穿孔病　代森锰锌600倍液或1.5%噻霉酮（菌立灭）1 500倍液。

（3）防治天牛　在树枝和树干上刷涂白剂，尤其在树杈处要涂厚些，以阻止天牛产卵。涂白剂配方为生石灰∶硫黄粉∶水=1∶1∶40。

（三）夏季管理

1）拉枝或拿枝。主枝角度控制在50°左右，侧枝角度控制在70°左右。

2）生草果园对草进行刈割，把草控制在30厘米以下，割下的草覆盖在树盘下。

3）继续疏除过密枝，周围空间大的进行扭梢和摘心。

十、6月下旬至7月上旬中熟喷品种膨大及花芽分化始期

（一）病虫害防治

防治病害喷代森锰锌；防治食心虫、潜夜蛾、红蜘蛛，喷苦参碱、灭幼脲、甲维盐或50%哒螨灵1 500倍液；如有桃蚜，可加入防治桃蚜药剂。

（二）喷激素

喷15%多效唑300倍液（PP333）或PBO果树促控剂150倍液，控制新梢旺长。

（三）夏季修剪

以疏为主，疏除背上直立、无用的果密枝，结合摘心、扭梢、减梢等措施。

（四）肥水管理

1. 地面追肥

7月初根据土壤状况确定浇水。亩施硫酸钾复合肥40～50千克，浅锄或轻灌水。

2. 叶面喷肥

每隔7～10天叶面喷肥，施0.3%磷酸二氢钾+0.3%尿素溶液，促进花芽分化和果实膨大。

第十章　桃周年栽培管理技术

十一、7月中旬至8月中旬中熟品种成熟及花芽集中分化期

（一）中熟桃品种

中熟桃品种脱袋增色，分批采摘。

（二）病虫害防治

1）喷施2.5%氟氯氰菊酯乳油3 000倍液，防治食心虫、桃蛀螟。

2）喷施1.8%阿维菌素乳油5 000倍液+20%吡虫啉+20%三唑锡1 500倍液+氨基酸400倍液，防治蚜虫、红蜘蛛、潜叶蛾等害虫。

3）采果后喷一次农用链霉素或春雷霉素、噻菌铜等，防治细菌性穿孔病。

4）人工捕捉天牛成虫。

（三）喷激素

每隔15天喷一次15%多效唑（PP333）250倍液或PBO果树促控剂150倍液，控制秋梢生长，连喷两次。

（四）肥水管理

采后施还原肥：株施尿素、硫酸钾各0.5千克，雨涝排水，旱时灌水。

（五）秋季修剪

剪去主副梢顶端的幼嫩部分；对于树冠上部的强旺枝，将其扭梢下压，以控制其上部长势；及时去除重叠枝、交叉枝及老弱枝组；对于还有生长空间的直立旺枝，可将其下压在冠内，缓和其长势。

十二、8月下旬至10月下旬晚熟品种成熟及花芽继续分化

（一）晚熟品种

晚熟品种具体采收期视当地天气情况提早或延迟采收。果品分级包装后进行销售或贮藏。

（二）采后追肥

1.叶面喷肥

每隔7天喷0.5%、1%、1.5%尿素，连喷3次。

2. 土施

以复合肥、钾肥为主，株施0.5千克。

（三）秋施基肥

早施为宜，一般在秋季（9—10月）施入。基肥以腐熟的农家肥、饼肥混加氮、磷、钾复合肥效果好。幼树或初果期桃树以开沟施肥为主，成年树以沟施与撒施相结合，施肥部位在树冠垂直投影的外缘。一般株施农家肥50千克或饼肥5~10千克或复合肥3.5千克，加过磷酸钙1千克。

（四）扩穴改土

幼树结合施基肥逐渐扩穴，直至与树冠相适应，也可先深翻株间树冠下，然后翻行间，逐行或隔行深翻，2~3年全园深翻一遍，深度达60~80厘米。成年树自主干向外逐渐加深扩穴，近主干处10~15厘米，靠树干边缘20~30厘米，耕作时间不宜过晚。

十三、11月至12月落叶休眠期

（一）树干涂白

落叶后至封冻前，对主干、主枝及较大的侧枝进行涂白。涂白剂按水：生石灰：食盐：动物油：石硫合剂=100：30：1：0.5：10比例备料，先将食盐和生石灰用少量水混合成糊状，然后放入动物油和石硫合剂，并充分搅拌，再用剩余水调匀即可。

（二）清理桃园

桃树落叶后，彻底清扫园内落叶、病果、杂草，摘除僵果，随时剪除病虫害枝，集中烧毁或深埋。敲碎越冬虫茧，以消灭在其中越冬的害虫。

（三）灌越冬水

冬初（11月上中旬）土壤封冻前灌一次越冬水，水量要大，以接上底墒为宜，以促进根系生长和基肥熟化，提高花芽质量。

第十一章 草莓种植管理技术

草莓植株生长温度范围15～30℃，属喜温植物，其根系生长适宜温度为15～20℃，地上部分生长适宜温度为20～30℃，开花结果适温15～25℃。草莓对水分要求很高，但又不耐涝，既要保持土壤中适当的水分，又要求有足够的空气。土质以沙壤土为宜，pH值5.5～6.5，草莓是喜光又较耐阴的植物。

一、选择好栽培地

土壤是草莓生长的主要环境基础。草莓根系为须根，分布浅，有70%的根系分布在20厘米深土层中，草莓又是喜水、喜肥的作物，所以要求保肥保水能力强、通气良好、质量疏松、中性或微酸性的沙壤土，地下水位应在1米以下，碱性地和黏土都不适合草莓生长，土壤酸碱度（pH值）为6～7生长良好，pH值8以上不适合生长。所以，有条件的一定要选择排水畅通、土层深厚、土壤肥沃的沙壤土。

二、草莓大棚的建造

选避风向阳、地势平坦、土质肥沃、水源充足、排水良好、土壤pH值在5.5～6.5的地点建棚。大棚以东西向为最佳。大棚长度与跨度应依地形特征决定，以便于管理和降低造价为前提。一般长度为50～80米，跨度为7～8米。大棚一般采用短后坡式结构。脊高2.8～3.2米，后坡长1～1.5米，后墙高1.8～2.2米，厚0.5米，墙外培土0.5～1米。棚前0.7米处挖深0.5米、宽0.8米的防寒沟，沟内放碎草，上面盖土压实。

三、品种选择

大棚草莓一般采取促成或半促成栽培，应该选择浅休眠期、花芽分化早、采收期长、抗性强、口感好的大果型品种，如红颜、章姬、丰香、明宝、春香、久能、硕丰、新都1号、新都2号、新明星等。

（一）红颜草莓

又名日本99号，是目前最优秀的日本系列草莓，长势强，果实圆锥形，果个较大，30~60克。香味浓，风味极佳，硬度大，耐贮运，结果期长，产量高，不抗白粉病。

（二）章姬草莓

又名日本甜宝，品种优良，长势好，果实长圆锥形，果个较大，30~50克，外观较好，香味浓，口感甜，味道好，硬度较小，不耐贮运，不抗白粉病。

（三）丰香草莓

植株生长旺盛，果实呈锥形，坐果率极高，果个较大，20克左右，果实鲜红，外观艳丽，果实酸甜适中，香味浓郁，品质极佳，有"水果皇后"之美誉。抗白粉病能力很弱。

（四）明宝草莓

日本品种，果形为圆锥、平均单果重30克左右，色鲜红，果实含糖量高，有独特的芳香味，品质上等，结实率高，大果率高，畸形果少，抗白粉病及灰霉病，耐贮性差。

四、培育壮苗

主要采用匍匐茎繁殖。

（一）育苗时间

母株定植时间为3月中下旬，应在4月之前完成定植。

（二）苗圃准备

草莓根系浅，对土壤、水肥要求严格。育苗圃应选择土地平整、肥沃，有水源条件且排水方便的地块，不选草莓连作田块。

（三）整地施肥

栽植前应深翻土地，亩施腐熟有机肥2 000～3 000千克，复合肥50千克，做成畦宽1米，沟宽30厘米，沟深25厘米。整地后即可喷除草剂，用乙草胺防除杂草。

（四）定植方法

选无病虫害健壮母株，在畦中央起垄单行栽培，株距50～55厘米，每亩株数为800～1 000株，栽植以"深不埋心，浅不露根"为原则。栽植后及时浇透定根水并在栽植垄上覆盖地膜保湿、增温。

（五）苗期管理

1）严格控制杂草，注意及时摘除老叶、病叶、枯叶，勤中耕松土，及时摘除果枝花枝。

2）注意引蔓，分布均匀，及时对新生苗进行压土，苗间距掌握在10厘米左右。

3）保持土壤湿润，天旱时小水勤浇，忌大水漫灌。浇后应及时松土。

4）匍匐茎抽生季节（5—7月）追肥2～3次，复合肥或尿素5～8千克，浇水前或雨前撒施，7月以后停止追肥，保证壮苗，促进花芽分化。

（六）促进花芽分化

影响花芽分化的主要因素有温度、日照、氮素和激素等，应采取的技术措施如下。

1. 遮阴

遮阴可维持较低温度，促进草莓花芽分化充分。在8月光照强、温度高时，用黑色遮阴网，在2米高处的平面上，遮住草莓苗，以满足草莓花芽分化所需的短日照和低温条件。

2. 控氮肥

草莓花芽分化期间氮肥过多，引起植株徒长，花芽分化不充分，因此一般8月以后不再施用氮肥，或断根阻止根系对氮素的吸收。

3. 控制赤霉素

喷施赤霉素可促进草莓匍匐茎的发生和生长，但抑制花芽的形成，赤霉素浓度越高花芽分化越少。因此，在育苗前期喷赤霉素，加速子苗的繁育，但后期一定要控制使用，以保证花芽的顺利分化。

（七）苗期病虫害防治

草莓苗期主要有炭疽病、叶斑病、黄萎病和斜纹夜蛾、地老虎、蚜虫等病虫害，一旦发生病虫为害，要及时喷药防治。

1. 炭疽病、叶斑病

及时挖除病株、摘除病叶、病茎集中烧毁。药剂防治可选用25%咪鲜胺乳油1 000倍液，或80%代森锰锌（全络合态）可湿性粉剂700倍液喷雾，每隔7天一次，连续防治2~3次，特别是在高温暴雨季节，每次暴雨前后。

2. 黄萎病

发现病株及时拔除，并用50%多菌灵500倍液进行浇施2~3次，每隔7~10天一次。

3. 斜纹夜蛾

可选用15%茚虫威悬浮剂3 000倍液进行防治。

4. 地老虎

将鲜菜叶切碎或米糠炒香，拌90%敌百虫晶体500倍液傍晚时撒施苗地诱杀，或48%毒死蜱800倍液喷施浇灌防治。

5. 蚜虫

可选用10%吡虫啉可湿性粉剂2 500倍液或0.3%苦参碱800倍液进行防治。

五、整地定植

定植前，对定植大棚内土壤进行耕翻，同时亩施腐熟厩杂肥3 000~4 000千克，复合肥50~60千克作基肥，然后作畦，畦宽（连沟）1米，6米宽标准大棚可作6畦，畦沟深25~30厘米。9月中下旬定植。定植前在畦面上铺地膜，在地膜上打孔栽植。每畦栽2行，行株距为25厘米×20厘米，每亩栽8 000株左右，定植时"弓背"统一朝外，要求"深不埋心，浅不漏根"。

第十一章 草莓种植管理技术

六、田间管理

（一）控温及控湿

1. 保温初期

10月中旬开始扣膜保温。采用双膜覆盖，定植初期，每天上午9点至下午3点温度要保持在25~28℃，夜间保持在10~12℃。湿度应保持在85%左右，根据温湿度要求及时扒开风口通风降温和排湿。同时在一小时内巡回检查一次，对不符合要求的风口应及时调整大小，保证棚内温度控制在25~28℃。

2. 现蕾开花期

每天上午9点至下午3点要保持温度在22~25℃。夜间要保持在8~10℃。湿度要保持在50%左右。将干湿度计挂在离草莓苗10厘米之内为宜。根据室内温度和湿度情况及时扒开风口排湿降温。棚内温度控制在22~25℃，湿度保持在50%左右。多云或阴天棚内温度达不到要求时，也要扒开风口以扒腰口为宜，不要扒底风口。但风口要小，时间要短。

3. 果实膨大及收购期

每天上午9点至下午3点要保持温度在18~22℃，夜间应保持在6~8℃，湿度保持在60%左右。根据室内温度及湿度情况及时扒开风口。保证棚内温度控制在18~22℃，保持湿度在60%左右。

（二）浇水

植株生长期以土壤表层2厘米用手按压，不凹陷，早晨叶子不吐水为宜。果实膨大期，草莓需水增大，可采用滴灌的方式浇水，使8厘米以上土层呈湿润状态。

（三）追肥

掌握薄肥勤施的原则，定植活棵后，浇施0.5%复合肥液，采收后20天左右再追肥1次，可根据具体情况用0.2%磷酸二氢钾+0.4%尿素溶液进行根外追肥。

果实膨大期千万不能缺水和缺肥。一般7~10天施肥浇水1次。应小水勤浇，叶面肥应在每7天左右喷施1次。采收前一般不浇水。注意喷施肥和药物时喷头要朝上。喷叶背时要均匀细致。一般在下午4点进行。草莓成熟最佳时间为完全着色，果子带有色泽，颜色为深红色时应及时采收。

（四）植株调整

草莓生长期须及时摘除匍匐茎、老叶、病叶及采果后的残留花萼；每株草莓选留2~3个健壮分蘖，及时抹去其余分蘖；去掉低级位小花。

（五）人工授粉

草莓开花期间，最好在棚内放蜂，每600米^{2}放蜂2箱左右。放蜂时间为上午8~9点和下午3~4点。也可以在每天上午8~9点用毛笔涂抹花朵进行人工授粉，可明显提高产量和好果率。

（六）防治病虫害

低温多雨天气，草莓易发生灰霉病。可用50%腐霉利可湿性粉剂1 000~1 500倍液喷雾防治；对白粉病，可用20%三唑酮乳油3 000~4 000倍液防治。此外，还要注意及时防治蚜虫。

（七）喷激素

在草莓第一心叶生长及开花时分别喷施赤毒素溶液（1克赤霉素配100千克水）+0.2%~0.3%的尿素，不仅增产效果明显，而且可提高果实品质。

（八）补光

寒冬季节，在小棚内每隔1.5米设置1个60瓦的灯泡进行加温补光，可使小棚内最低气温维持在5℃左右，采收期提前20天左右。

七、采收技术

成熟的草莓浆果自然保鲜期只有1~3天，极易腐烂变质，要延长草莓的保鲜期，必须做到科学采收、分级包装和精心贮藏。采收草莓果实的适宜时间是清晨至上午10点前或傍晚。

八、病虫害防治

虽然采用大棚种植草莓优点很多，但也有不足之处，因棚内高温多湿，易为病虫害发生创造极有利的环境条件。加强对病虫害的综合防治，"治早、治小、治了"显得尤为重要，成为实现大棚草莓高产稳产的关键环节。

（一）叶斑病

又称蛇眼病，主要为害叶片、叶柄、果梗、嫩茎和种子。在叶片上形成暗紫色小斑点，扩大后形成近圆形或椭圆形病斑，边缘紫红褐色，中央灰白色，略有细轮，使整个病斑呈蛇眼状，病斑上部形成小黑粒。

防治对策：及时摘除病叶、老叶，烧毁或深埋。药剂防治在发病初期喷80%代森锰锌800倍液，或70%甲基硫菌灵可湿性粉剂1 000倍液，或50%多菌灵800～1 000倍液，或10%苯醚甲环唑2 000倍液，每10天喷1次，共2～3次。采收前10天停止喷药。

（二）白粉病

主要为害叶片，也侵害花、果、果梗和叶柄。叶片上卷呈汤匙状。花蕾、花瓣受害呈紫红色，不能开花或开完全花，果实不膨大，呈瘦长形；幼果失去光泽、硬化。近熟期草莓受到为害会失去商品价值。

防治对策：重病田视病情发展必要时可适当增加喷药次数。药剂可选10%苯醚甲环唑2 000倍液，62.25%腈菌唑可湿性粉剂600倍液，40%氟硅唑乳油6 000倍液，75%百菌清600倍液等。连续阴雨时可选用百菌清或腐霉利烟剂。

（三）灰霉病

开花后的主要病害，在花朵、花瓣、果实、叶上均可发病。在膨大时期的果实上，生成褐色斑点，并逐渐扩大，密生灰霉使果实软化、腐败，严重影响产量。

防治对策：应及时小心地将病叶、病花、病果等摘除，放塑料袋内带到棚外妥善处理，发病后应适当提高管理温度。于现蕾到开花期进行，用40%嘧霉胺悬浮剂800～1 000倍液，或75%代森锰锌（络合态）干悬浮剂600倍液，或50%异菌脲悬浮剂800倍液，或50%腐霉利可湿性粉剂800倍液等喷雾，每7~10天喷1次，连续防治2~3次，注意交替用药。

阴雨天气还可选用10%腐霉利烟剂，或45%百菌清烟剂，或15%克菌灵烟剂，每亩用药200~250克，于傍晚用暗火点燃后立即密闭烟熏一夜，次日开门通风。

（四）根腐病

从下部叶开始，叶缘变成红褐色，逐渐向上凋萎，以至枯死。支柱在中间开始变成黑褐色而腐败，根的中心柱呈红色。

防治对策：及时挖除病株。药剂防治采用灌根或喷洒根茎的方法防治。常用药剂有58%甲霜灵·锰锌可湿性粉剂600倍液，64%噁霜·锰锌可湿性粉剂500倍液，50%异菌脲可湿性粉剂1500倍液，72%霜脲·锰锌可湿性粉剂800倍液，72%霜霉威盐酸盐水剂600~800倍液。每隔7~10天防治1次，连续防治2~3次。采收前10天停止用药。

（五）黄萎病

该病是土壤病害，主要症状是幼叶畸形，叶变黄、叶表面粗糙无比。随后叶缘变褐色向内凋萎，直到枯死。

防治对策：严格引入无病植株种植；缩短更新年限；用氯化苦13.5~20升或覆盖薄膜进行太阳能土壤消毒；已发病者必须拔除烧毁。栽植前或发病初用70%甲基硫菌灵可湿性粉剂300~500倍液浸根消毒或栽后灌根。

（六）蚜虫

它对草莓为害是因吸取汁液使果实生育受阻，同时也因蚜虫排出蜜露而让叶、果受到污染。另外，蚜虫也是传播病毒的媒介。

防治对策：及时摘除老叶，清理田间，消灭杂草。开花前喷布50%抗蚜威2000倍液或10%吡虫啉2000~3000倍液，共喷布1~2次。

（七）红蜘蛛

草莓受害主要以红蜘蛛、黄蜘蛛为主。尤其红蜘蛛为害更多，叶片初期受害时出现小灰白点，随后逐步扩大，使全叶片布满碎白色花纹、黄化卷曲，植株矮化萎缩，严重影响生长。

防治对策：及时摘除老叶、病残叶，增加棚内通风透光性，降低红蜘蛛的发生概率。在红蜘蛛发生期，喷1.8%阿维菌素，或8%阿维·哒螨灵乳油1 500倍液，或5%噻螨酮乳油1 500倍液喷雾。7天防治1次，连续防治2～3次，多种药剂交替使用效果更好。注意采果前两周禁用农药。

九、草莓苗期病害

（一）炭疽病、猝倒病、茎枯病、叶斑病

发病原因是地面温度过高，一般在七八月份，温度在35℃以上发病严重，特别是在雨后发病更为突出。对苗期的病害，生态防治可间作高秆作物或用遮阴网。

药剂防治：苗期最有效、最安全的药剂是25%多菌灵，每亩用50克兑水50千克进行叶面喷施。这种药剂有独特的杀菌、杀病毒作用，效果明显，可与1：3：240波尔多液、70%甲基硫菌灵可湿性粉剂800倍液、90%乙磷铝600倍液交替使用，间隔15天喷1次。育苗前可用50%多菌灵500倍液作土壤处理。发病高峰期可用20%的甲基立枯磷乳油1 000倍液喷施作土壤处理。

（二）草莓白粉病

该病是高温、高湿、不透光、不通风引起的。其特征是果、茎、叶面上有一层白粉状物。生态防治，主要是调控室内温度，改善通风条件。

药剂防治：扣棚膜后喷25%嘧菌酯1 500倍液预防会有非常好的防治效果。也可选用50%醚菌酯3 000～5 000倍液，或42.4%唑醚·氟唑菌酰胺亩用25～35克，或75%百菌清600倍液+10%苯醚甲环唑2 500倍液，或70%甲基硫菌灵可湿性粉剂800倍液+12.5%烯唑醇2 000倍液，交替使用，隔7～10天喷1次，连喷2～3次；开花前可使用进口的40%腈菌唑6 000倍液或43%戊唑醇乳油3 000倍液进行防治。花期至采收期，严禁使用高毒农药或残效期长的农药。可使用烟熏剂，用硫黄粉250克+锯末500克，混装4份，封好棚点燃即可。

（三）灰霉病、褐腐病

灰霉病是大水漫灌、湿度大、不通风引起的。特征是先烂果，后烂果

柄。褐腐病特征是先烂果柄，后烂果。生态防治，主要是通风透光，控制湿度，合理密植。药剂防治，可用50%啶酰菌胺亩用30~45克，或用42.4%唑醚·氟唑菌酰胺亩用25~35克，或用40%嘧霉胺悬浮剂亩用45克。花后防治可用45%百菌清烟熏剂，亩用量为每次300~400克，7~10天喷1次，共喷2~3次，或用25%甲霜灵1 000倍液。

（四）叶斑病

该病是高温造成的。特征是开花后不坐果，坐果后发黑。生态防治，控制温度在22℃左右。发病高峰期可用药剂防治，可选用50%醚菌酯3 000倍液、70%甲基硫菌灵800倍液+70%代森联600倍液或10%苯醚甲环唑1 500倍液。

（五）草莓病毒病

从苗期注意防治蚜虫，减少病毒传播介体，可用25%噻虫嗪防治蚜虫；田间出现病毒苗时，立即拔除病株，立即治虫，随后用盐酸吗啉胍、宁南霉素等药剂加上锌肥进行防治。

（六）线虫病

目前防治效果较好的是5%灭克磷颗粒剂与基肥混用，持效期可达80天，安全可靠。

（七）红蜘蛛、蚜虫

防治红蜘蛛可用5%噻螨酮乳油2 000倍液，或用1.8%阿维菌素乳油3 000倍液、防治蚜虫可用1%苦参碱，每亩用50毫升，或用10%吡虫啉3 000倍液；开花后可用10%异丙威烟剂在夜间进行点燃。

（八）注意事项

1）因棚内温度高，药剂防治应在上午10点前、下午3点后进行，温度在18~22℃，湿度在50%~60%，选晴天进行。

2）利用烟熏剂杀菌杀虫，可在夜间进行，温度不超过15℃为宜。

第十一章 草莓种植管理技术

第二篇

运城市畜禽养殖技术

第十二章　奶牛养殖管理技术

一、简介

（一）奶牛的分类

奶牛，乳肉兼用，如水牛、牦牛。

（二）黑白花奶牛习性介绍

食草性、耐寒不耐热，喜干爽环境，运动性能差，成年产奶牛适当运动可高产，高饲料转化率。

二、青贮的管理

（一）青贮的原理

青贮是将青绿饲料在密闭无氧条件下，通过乳酸菌发酵产生乳酸，当乳酸在青贮饲料中达到一定浓度时（pH值小于4.2），青贮料中所有微生物的活动都被抑制，从而达到长期保存青绿饲料营养价值的目的。

青贮发酵过程分为三个阶段：一是作物呼吸阶段；二是微生物竞争阶段；三是青贮完成阶段。整个过程需要7~21天。

（二）不同青贮饲料每立方米容量估测（表12-1）

表12-1　不同青贮饲料容量估测　　　　　（千克）

青贮饲料种类	每立方米容量
蜡熟期的青贮玉米	650~750
青贮玉米	450~500

青贮饲料种类	每立方米容量
牧草、野草	550～600
甘薯块茎等	800
甘薯蔓	700～750
萝卜叶、苦荬菜	610
向日葵	500～550

三、选牛注意事项

奶牛的生产性能与奶牛的品种、饲养管理、挤奶技术、气候等多种因素有关，奶牛的产奶性能需要在一定的饲养管理条件下进行观察和测定，如现场测定产奶量和乳脂率等。同时奶牛的生产性能与外貌有着非常密切的关系，不同生产性能的奶牛都有着独特的外貌特征。因此，在选购奶牛时要综合多种选购方法进行全面选择。

（一）选购奶牛的原则

1）坚决不到疫区购牛，防止导入传染性疾病。

2）综合考虑奶牛饲养阶段和生产经济效益等因素，优先选购育成牛和青年牛。

（二）合理确定选购地点

一定要到信誉好或者比较熟悉的规模场或小区选购奶牛，因为这些场区的奶牛品种质量好，管理水平相对较高，产奶性能稳定，防疫、检疫措施齐备，疫病少，各种生产档案资料记录比较齐全。千万不要轻信各地奶牛出售信息中的高产量、低价格、乳品企业倒闭、大量出售奶牛等，避免上当受骗。

（三）依据奶牛系谱选择

奶牛系谱包括了奶牛品种、牛号、出生年月日、出生体重、成年体尺、体重、外貌评分、等级、各胎次产奶性能等详细内容。另外系谱中还有父母

第十二章 奶牛养殖管理技术

代和祖父母代的体重、外貌评分、等级，该牛的疾病和防检疫、繁殖、健康情况等详细记录。根据上述资料挑选高产奶牛很重要，不可忽视。选购奶牛时，要索要和查阅奶牛场档案，优良的品种都具有正规的档案。查阅时要注意：一是档案的有无，以及档案的真伪；二是档案记录是否完整。通过档案可了解所购奶牛的品质优劣。

（四）选购适龄奶牛

选购奶牛应选2岁左右且已怀孕（胎龄在6月龄以内）的青年牛。这样购入后饲养几个月后母牛即分娩，可多得一头犊牛，母牛利用年限较长。对年龄的鉴别，一是查系谱记录；二是没有记录可查时，请奶牛场有经验的鉴定人员通过牛门齿变化规律鉴定和角轮鉴定相结合的办法进行年龄鉴定。一般7岁以前属于高产期，到10岁以后产奶量逐渐下降，并且对疾病的抵抗力也逐渐下降。理论上讲，10岁以内的牛可以买，但实际当中不可行，7岁牛产犊在5胎左右，10岁牛产犊7胎左右。但我们目前很多牛场产犊水平3胎以下，以这样的繁殖保健水平，买7岁以上的牛风险很大，除非有极高的把握和技术水准，否则，还是应选购3~4胎牛或青年牛。

（五）根据体型外貌选购

通过外貌选择奶牛，要求其体格健壮，结构匀称，体躯长宽深，选购时要注意以下几点。一看头部，头颈长而清秀，轮廓优美，明显地表现出细微型；鼻镜宽，眼大隆起。二看颈部，颈长而薄，与头部及肩部结合良好，两侧有无数微小皱褶。三看胸部，胸宽而深，肋骨弯曲呈圆形。四看背腰部，背部长，宽而直，与腰连接良好，腰部应平直。五看腹部，中躯应发育良好，腹部粗大、宽深，呈圆桶形，不下垂。六看四肢，四肢结实、端正，无内弧或外弧现象。蹄中等大，蹄面无裂痕。七看毛色毛被，毛色黑白花，片大，黑白界线分明。被毛柔软丛密而富有光泽，皮薄易拉起，皮脂分泌旺盛。八看乳房，乳房是奶牛的最重要部分。乳房要大，呈方圆形，向前后延伸，底部呈水平状，底纹略高于飞节，乳腺发育充分，乳头大小适中，分布匀称，乳静脉粗大而多弯曲，乳井大而深。

（六）选购健康奶牛

在奶牛场购奶牛时，首先要做好疫病的检疫，如口蹄疫、牛结核病、布鲁氏菌病、牛肺疫、乳房炎等的检疫；特别是奶牛结核病、布鲁氏菌病是两种严重危害人类健康的人畜共患病，但一些奶牛场发现阳性牛不是采取淘汰措施而是急于出售。因此，在购买时一定要进行现场监测，可自带结核菌素变态反应试验器具进行牛结核病测定；对布鲁氏菌病则可采用血清平板凝集试验测定。购买数量较多时，可委托当地兽医检疫部门检测，决不能购买监测结果阳性的奶牛。牛起运之前，需督促卖方向当地检疫部门报检，办理有关检疫手续，索取检疫证明。

（七）选购奶牛时间要适宜

购买奶牛切忌在炎热的夏季，也不宜在寒冷的冬季。这两个季节属传染病多发季节，同时也不利于安全运输，而运输季节选在10—11月最好，气候较凉爽。还应注意购买地的气温、气候和饲草料质量等条件是否与购入地相宜，以有效避免因为运输和变更饲养地点产生的各种应激反应。

四、不同阶段奶牛饲养管理技术

（一）犊牛的饲养管理技术介绍

吃好初乳，尽早训练吃草。

（二）育成牛培育技术介绍

适当运动和饲料供给，防止体况过肥，利于配种和后期产奶。

（三）成年牛的饲养管理技术

做好接产准备，前期挤奶量不能过大，防止产后瘫痪。高产奶牛和低产奶牛要分群管理。管理原则是保证产奶，利于配种。

（四）初乳对犊牛的重要性（表 12-2）

1）初乳含有免疫球蛋白，可增强犊牛的抵抗力。
2）能及时补充犊牛营养。

表12-2　初乳与常乳的营养区别　　　　　　（%）

营养物质	常乳	初乳
干物质	1	2
矿物质	1	3
蛋白质	1	6

（五）犊牛对蛋白源的选择

新鲜初乳；发酵的初乳；全乳蛋白；代乳料蛋白；植物蛋白。

（六）育成母牛的管理要点

1）分群饲养。

2）供给优质的饲草和饲料。

3）记录初情期。

4）掌握好初配年龄：最佳的初配年龄为13～16个月。

（七）荷斯坦牛主要阶段较理想的体重和年龄

1）初生重：40～45千克。

2）初配体重和年龄：360～400千克，13～16个月。

3）产犊前体重：590～635千克，22～25个月。

4）产犊后体重：540～560千克。

5）成年体重：650～725千克。

（八）挤奶注意事项

1）固定挤奶时间。

2）挤前用温水擦洗乳房。

3）挤奶环境要安静。

4）尽量挤净奶。

5）不要损伤乳房。

6）机器挤奶要注意设备的先进性。

三次挤奶较二次挤奶的产奶量多16%～20%，四次挤奶的又较三次挤奶多10%～12%。

（九）精料补助料供给量简单计算方法

（1）育成牛　按体重的大小每头、每天1.5～2.5千克；

（2）成年产奶牛　每天的维持需要1.5千克，加上每产1.5千克奶0.5千克饲料，最多不要超过12.5千克；

（3）临产前尽量少喂料

全混合日粮是指根据奶牛的营养配方，将切段的粗饲料与精饲料以及矿物质、维生素等各种饲料搅拌均匀得到一种营养平衡的日粮。

全日粮饲喂的优点有：增加采食量；简化饲养程序；避免牛挑食；容易控制营养水平；改善适口性不好的饲料。

全日粮饲喂的缺点有：必须分群饲养；经常测定饲料营养成分；长干草需要切段混合造成浪费。

五、奶牛繁殖技术介绍

（一）牛繁殖的重要数据

（1）初情期　8～12个月。

（2）性成熟月龄　8～14个月；发情周期：18～21天。
怀孕时间：282天（276～290天）。

（二）牛的发情鉴定

发情鉴定是奶牛繁殖工作中的重要技术环节。通过发情鉴定，可以发现母牛的发情活动是否正常，判断处于发情周期的哪个阶段及排卵时间，进而准确地确定奶牛配种时间，适时输精，提高受胎率。鉴定母牛发情的方法有外部观察、直肠检查等。

1. 外部观察法

外部观察法是鉴定母牛发情的主要方法。主要在运动场或牛舍内察看，至少早晚各一次。通过观察母牛的爬跨情况，结合外阴部的肿胀程度及黏液的状态进行判定。

2. 直肠检查法

直肠检查法，即操作者将手伸入母牛直肠内，隔着直肠壁检查生殖器官的变化、卵巢上卵泡发育情况，来判断母牛发情与否的一种方法。母牛发情时，可以摸到子宫颈变软、增粗。由于子宫黏膜水肿，子宫角体积增大，收缩反应明显，质地变软，卵巢上有发育的卵泡并有波动感。

牛卵泡发育各期特点：母牛在间情期，一侧卵巢较大，能触到一个枕状的黄体突出于卵巢的一端。当母牛进入发情期以后，则能触到有一黄豆大的卵泡存在，这个卵泡由小到大，由硬到软，由无波动到有波动。由于卵泡发育，卵巢体积变大，直肠检查时容易摸到。牛的卵泡发育可分为四期，各期特点如下。

第一期（卵泡出现期）：卵巢稍增大，卵泡直径0.5～0.75厘米，触诊时感觉卵巢上有一隆起的软化点，但波动不明显，子宫颈柔软。这段时期持续约10小时，多数母牛已开始表现发情。

第二期（卵泡发育期）：卵泡增大，直径达到1～1.5厘米，光滑而有波动感，突出于卵巢表面，子宫颈稍变硬。此期持续10～12小时。

第三期（卵泡成熟期）：卵泡不再增大，泡壁光滑、薄，有一触即破的感觉，类似成熟的葡萄，波动感明显，子宫颈变硬。此期持续时间6～8小时。

第四期（排卵期）：卵泡破裂，在卵巢上留下一个明显的凹陷区或扁平区。子宫颈如人的喉头状。排卵多发生在性欲消失后10～15小时。夜间排卵较白天多，右边卵巢排卵较左边多。排卵后6～8小时可摸到肉样感觉的黄体，直径0.5～0.8厘米。

直肠检查的具体操作方法：检查者首先应将指甲剪短磨光，手臂套上橡胶长臂手套或一次性塑料长臂手套。然后用手抚摸肛门，将手指并拢成锥形，以缓慢旋转动作伸入肛门，掏出蓄粪。再将手伸入肛门，手掌展平，掌心向下，按压抚摸，在骨盆底部可摸到一前后长而圆且质地较硬的棒状物，即为子宫颈。沿子宫颈向前触摸，在正前方摸到一浅沟即为角间沟，沟的两旁为向前向下弯曲的两侧子宫角。沿着子宫角大弯向下稍向外侧可摸到卵巢。这时可用食指和中指把卵巢固定，用拇指肚触摸卵巢大小、质地、形状和卵泡发育情况。操作要仔细，动作要缓慢。在直肠内触摸时要用指肚进行，不能用手指乱抓，以免损伤直肠黏膜。在母牛强力努责或肠壁扩张成坛状时，应当暂停检查，并用手揉搓按摩肛门，待肠壁松弛后再继续检查。检查完毕摘掉手套，手臂应当清洗、消毒，并做好检查记录。

（三）妊娠诊断

1. 外部观察法

妊娠最明显的表现是周期发情停止。随时间的增加母牛食欲增强，被毛出现光泽，性情变得温顺，行动缓慢。在妊娠后半期（5个月左右），腹部出现不对称，右侧腹壁突出。8个月以后，右侧腹壁可见到胎动。外部观察在妊娠的中后期才能发现明显的变化，只能作为一种辅助的诊断方法。在输精后一定的时间阶段，如60天、90天或120天统计是否发情，估算不返情率（不再发情牛数占配种牛数的百分数）来估算牛群的受胎情况。这种估算有一定的实用性，但计算并不十分准确。由于输精后个别未孕或胚胎死亡的母牛也不发情，致使不返情率高于实际受胎率。

2. 直肠诊断法

直肠检查法是判断是否妊娠和妊娠时间的最常用而可靠的方法。其诊断依据是妊娠后母牛生殖器官的一些变化。在诊断时，对这些变化要随妊娠时期的不同而有所侧重；如妊娠初期，主要是子宫角的形态和质地变化；30天以前以胎泡的大小为主；中后期则以卵巢、子宫的位置变化和子宫动脉特异搏动为主。在具体操作中，探摸子宫颈、子宫和卵巢的方法与发情鉴定相同。

未妊娠母牛的子宫颈、子宫体、子宫角及卵巢均位于骨盆腔；经产牛有时子宫角可垂入骨盆腔入口前缘的腹腔内。未孕母牛两侧子宫角大小相当，形状相似，向内弯曲如绵羊角；经产牛会出现两角不对称的现象。触摸子宫角时有弹性，有收缩反应，角间沟明显，有时卵巢上有较大的卵泡存在，说明母牛已开始发情。妊娠20～25天，排卵侧卵巢有突出于表面的妊娠黄体，卵巢的体积大于对侧。两侧子宫角无明显变化，触摸时感到壁厚而有弹性，角间沟明显。妊娠30天，两侧子宫角不对称，孕角变粗、松软、有波动感，弯曲度变小，而空角仍维持原有状态。用手轻握孕角，从一端滑向另一端，有胎泡从指间滑过的感觉。若用拇指和食指轻轻捏起子宫角，然后放松，可感到子宫壁内似有一层薄膜滑开，这就是尚未附植的胎膜。技术熟练者还可以在角间韧带前方摸到直径为2～3厘米的豆形羊膜囊。角间沟仍较明显。妊娠60天，孕角明显增粗，相当于空角的2倍，孕角波动明显，角间沟变平，子宫角开始垂入腹腔，但仍可摸到整个子宫。妊娠90天，角间沟完全消失，子宫颈被牵拉至耻骨前缘，孕角大如婴儿头，有的大如排球，波动感明显；

空角也明显增粗。孕侧子宫动脉基部开始出现微弱的特异搏动。妊娠120天，子宫及胎儿全部沉入腹腔，子宫颈已越过耻骨前缘，一般只能触摸到子宫的局部及该处的子叶，如蚕豆大小。子宫动脉的特异搏动明显。此后直至分娩，子宫进一步增大，沉入腹腔，甚至可达胸骨区，子叶逐渐增大如鸡蛋；子宫动脉两侧都变粗，并出现更明显的特异搏动，用手触及胎儿，有时会出现反射性的胎动。寻找子宫动脉的方法是，将手伸入直肠，手心向上，贴着骨盆顶部向前滑动。在岬部的前方可以摸到腹主动脉的最后一个分支，即髂内动脉，在左右髂内动脉的根部各分出一支动脉，即为子宫动脉。通过触摸此动脉的粗细及妊娠特异搏动的有无和强弱，就可以判断母牛妊娠的大体时间阶段。

（四）提高牛场繁殖率的几点措施

一是加强选种，二是合理饲养，三是加强管理，包括防暑降温、生殖疾病的监控、保证精液的质量，认真做好发情鉴定、做好记录、适时配种。

六、奶牛常见病的防治

影响奶牛业最严重的有以下三大疾病。

（一）乳房炎

乳房炎是影响奶牛生产最为严重的疾病，发病机理是乳房受到物理、化学、微生物等致病因子刺激所发生的一种炎性变化。

1. 症状

1）急性乳房炎的特征是乳房红、肿、热、硬、痛，乳汁显著异常，奶量减少，体温升高，食欲减退，精神沉郁。

2）慢性乳房炎一般由急性治疗不完全转变过来的，全身症状不明显，仅是乳房有肿块，乳汁变清，有絮状物，产奶量明显下降。

3）隐性乳房炎没有临床表现，乳汁从外观上发现不了变化，但是隐性乳房炎很容易转变成临床性乳房炎，而且，乳房炎的经济损失70%是由隐性乳房炎引起的。

2. 预防措施

1）牛舍卫生和牛体保持清洁。

2）牛床应常年有垫草，这对保护乳房和提高产奶量都很重要。

3）加强饲养管理。牛舍、运动场要规范，防止挤、压、碰、撞等对乳房的伤害。

4）加强挤奶时的卫生管理，一定要注意挤奶的顺序，就是先挤健康牛，后挤乳房有问题的牛，以免造成人为感染。认真做好乳房和用具消毒。

5）挤奶机要认真消毒，增强挤奶员的责任心，保持挤奶机的真空稳定性和正常的脉动频率。

6）挤奶后乳头要认真药浴。

7）做好干奶期对乳房进行的预防治疗，能减少下一个泌乳周期乳房炎的发生。

（二）蹄病

奶牛蹄病包括蹄变形、蹄叶炎、腐蹄病、蹄皮炎、蹄糜烂和蹄底创伤等疾病。下面以腐蹄病为例。

腐蹄病又叫传染性蹄皮炎、指间蜂窝质炎，是奶牛指间皮肤及其深部组织的急性或亚急性炎症。

1. 临床特征

患部真皮坏死化脓，角质溶解，严重者从患部流出污秽恶臭的汁液，病牛因疼痛而发生跛行。各年龄段奶牛均可发病，发病率高，占到引起跛行蹄病的40%～60%。炎热潮湿季节比冬春干燥季节多发；后蹄比前蹄多发；成年高产牛比其他牛多发。

2. 治疗

先用5%～10%的硫酸铜液体清洗患部，然后用蹄刀刮除坏死腐烂组织，使患部脓汁充分排出，创伤内撒布高锰酸钾粉或硫酸铜粉，外用纱布或脱脂棉填塞，将病牛放在干燥圈舍内饲养。有发热、食欲不振症状的，可用磺胺药物或抗生素治疗。

3. 蹄病的预防

主要是保证奶牛饲料中营养全面、比例适合，坚持定期修蹄，平时保持牛蹄、牛舍的干净卫生，定期消毒，保证牛舍和运动场的场地平坦干燥无异物。

（三）子宫内膜炎

1. 发病原因

死胎、难产、早产、胎衣不下、接产不卫生、人工授精操作不规范等都能引发。主要原因是奶牛的抵抗力低下和细菌感染。

2. 症状

发热39.5℃以上，食欲下降、反刍减弱或停止，伴有轻度胀气，精神萎靡，产奶量下降，脱水；阴道检查，子宫颈稍张开，有时有分泌物排出；病重时子宫分泌物多为乌红色或棕色，躺下时排出恶臭、水样阴道排出物，直肠检查时有子宫角比正常大，宫壁厚，子宫收缩反应减弱等临床症状。

3. 预防与治疗

1）加强围产期母牛的饲养管理，减少产后疾病的发生，奶牛产前的营养水平不应过高，要注意矿物质、维生素、微量元素的供给。

2）加强分娩管理，减少产道损伤和感染。即将分娩的母牛要单独饲喂，产区保持清洁，自然分娩，需要助产时，操作要细致、规范，防止产道损伤和感染。

3）加强对产后母牛的管理。一是在奶牛分娩后应有专人看护，发现有产道损伤、流血、子宫脱垂等异常情况要及时处理。二是头胎母牛常因产犊体质消耗严重，分娩后用5%葡萄糖生理盐水1 000毫升，25%葡萄糖液体500毫升，一次静脉注射，以促进体力恢复。三是为了防止产后胎衣不下，母牛产后可用10%葡萄糖酸钙和25%葡萄糖液各500毫升，一次静脉注射，产后立即肌内注射催产素150毫升。

4）及时发现和治疗子宫炎。取土霉素粉5～10克，呋喃西林1～2克，氯己定1克，用4%～5%氯化钠溶液200～500毫升溶解后灌入子宫中，2～3天治疗一次，连续治疗数次。

第十三章　现代养猪技术

一、品种

优良的猪种是现代高效养猪生产的前提和核心，没有好的品种，再好的环境条件与饲料都不能取得最佳的经济效益，因此品种是提高养猪生产性能和效益的基础。必须按照生长发育快、产仔率高、瘦肉率高、饲料利用率高、适应性强等原则进行选择品种。

（一）长白猪

原产于丹麦，现世界各地均有自己的品系，如英系、法系、比利时系等，背毛白色，耳大、向前倾斜；体长、后躯发育良好；母性好，产仔数多，生长速度快，瘦肉率高，饲料利用率高，既可以做父本，也可以做母本。

（二）大约克

原产于英国，现世界各地均培育有自己的品系，如丹系、加系、法系、瑞典系等，背毛白色，耳中型、直立；体质结实，后躯发育良好，四肢粗壮；母性好，产仔数多，生长速度快，瘦肉率高，既可以做父本，也可以做母本。

（三）杜洛克

原产于美国，现世界各地均培育有自己的品系，如丹系、加系、匈系等，背毛红色或棕色，耳中型、耳尖下垂；体质结实，后躯发育良好，四肢粗壮；生长速度快，瘦肉率高，饲料利用率高，抗应激能力强，是杂交利用的最佳终末父本。

（四）皮特兰

原产比利时，背毛灰白色夹有黑色斑点，有的夹有部分红毛，耳中等、直立前倾；体质粗壮结实，后躯发育特别丰满，瘦肉率高，应激反应强，100%PSE肉质（Pale Soft Exudative Meat），后代生长速度缓慢，可作为杂交利用的父本。

（五）太湖猪

主要分布在我国的太湖流域；是世界种猪中产仔数量最多的一个品种，平均产仔数14.88头，最高为36头；性成熟早，母性好，耐粗饲，肉质好，但生长速度较慢、瘦肉率低；通过与国外优良品种杂交后，除繁殖性能外，其他性能均有很大提高，是优良的杂交母本。

二、饲料

（一）饲料的分类

完整的饲料含有近50种营养成分，见表13-1。

表13-1　各种饲料营养成分

1%预混料	4%~6%预混料	浓缩料	全价料
维生素：A、D、E、K、B_1、B_2、B_6、B_{12}、烟酸、泛酸、叶酸、生物素、胆碱等	磷酸氢钙（或骨粉）、石粉、盐	鱼粉、豆粕、杂粕等	玉米、小麦、高粱、麸皮等
微量元素：Fe、Gu、Zn、Mn、I、Se等，氨基酸、促生长剂、抗氧化剂、防霉剂等			
多种维生素、微量元素、氨基酸、抗氧化剂、载体	Ca、P、Na、Cl	蛋白饲料	能量饲料

（二）饲料在养猪生产中的重要性

饲料成本占养猪成本的70%左右。

市场的需求标准是：安全、优质、高效。

三、管理

（一）猪场的设计与管理

1）科学选址，创造优良大环境。

2）猪场布局要合理。

3）猪舍设计要合理，坚固耐用，方便操作。

4）猪场一般推荐实行小单元式饲养，实施"全进全出制"的饲养工艺。猪舍布局形式有单排式猪场、双排式猪场、多排式猪场。猪舍的基本结构：主要由墙壁、屋顶、地面、门窗、排粪沟、隔栏等部分构成。按猪群的性别、年龄、生产用途，分别建造各种专用猪舍，如公猪舍、母猪舍、保育猪舍、育肥猪舍。

猪舍建筑设计应遵循防寒保暖、防暑降温、通风换气、光照原则。

（二）营养和环境的管理

1. 提供科学的营养条件

1）优质的原料保障。

2）符合猪各阶段生长发育需要的饲料配方。

3）科学的饲喂方法。

4）优良的种猪群。

2. 提供合理的环境条件

1）温度、湿度。

2）合理的饲养密度。

3）通风换气和光照。

3. 原料的管理

1）预测价格的升降。

2）防止霉菌毒素中毒。

（三）各阶段猪群的饲养管理

猪的饲养管理，利用猪的生物学特性提高养猪的生产水平。猪的生物学特性：繁殖力高、周转快、性成熟较早；生长期短、生产强度大。猪出生体重与繁殖和出栏时的体重相差13~15倍；猪是杂食动物，对饲料适应性比较强；猪对环境温度较敏感。

1.种公猪的饲养管理

养好公猪的目的，是为了获得数量充足、质量好的精液，提高与配母猪的受精率和产仔数，并延长种公猪的使用寿命。

饲养种公猪能够保持其生长和原有体况即可，不能过肥，每天单独喂2~3次，日饲喂量2.3~3.0千克。

种公猪应在清洁、干燥、空气新鲜、舒适的环境条件下生活。另外，还要做好以下工作。

1）建立良好的生活制度。饲喂、采精或配种、运动、刷拭等各项作业都应在大体固定的时间内进行，利用条件反射形成规律性的生活制度，便于管理操作。

2）加强种公猪的运动。每天坚持让种公猪运动。

3）刷拭和修蹄。

4）定期检查精液质量。实行人工授精的公猪，每次采精都要检查精液品质、特别是后备公猪开始使用前和由非配种期转入配种期之前，都要检查精液2~3次，劣质精液的公猪不能配种。

5）防止公猪咬架。

6）防寒防暑。种公猪适应温度为18~20℃。

2.种母猪的饲养管理

（1）提高母猪繁殖效率的措施

①加强饲养管理，充分利用繁殖高峰期。

②提高母猪年产仔胎数。

③增加母猪每胎的产仔头数。

（2）种母猪的饲养管理（空怀母猪）

哺乳母猪从仔猪断奶到发情配种期间为空怀期。饲养空怀猪是保持正常的种状，能正常发情、排卵，并能及时配种受孕。

①发情周期与发情症状：母猪发情周期平均21天，范围19~24天。

②配种时机：适宜的交配和输精时间是在母猪发情后20~30小时。

（3）种母猪的饲养管理（妊娠母猪）

①妊娠诊断：为了减少母猪漏配和加强对妊娠母猪的饲养管理，需要对配种后的母猪进行早期妊娠诊断。

②预产期推测：三三三法，在配种日期+3月+3星期+3天。月+4，日-6

法，在配种月上+4，在配种日上−6，所得的日期就是母猪预产期。如1头母猪在11月3日配种，则11+4=15，3−6=−3，由于月超过12个月，日期为负数，则15−12=3，31−3=28，即该母猪的预产期为3月28日。

（4）妊娠母猪的饲养

妊娠母猪应采取"前低后高"的饲养方式。即妊娠前期采取较低营养水平饲养，妊娠后期采取较高营养水平饲养。

3. 哺乳仔猪的饲养管理

使仔猪成活率高、生长发育快、均匀整齐、断奶体重大，为以后养好保育仔猪打下基础。

1）仔猪出生后1小时内要人工辅助吃足初乳。

2）仔猪出生后2～3天内，肌内注射铁制剂。

3）出生后5日训练饮水，7日训练开食，到20日大量采食饲料（经膨化处理的营养全面、易消化、适口性好的颗粒料）。

4）管理措施包括保温防压、固定乳头、过仔（或并窝）、去势、剪犬齿、断尾、断奶。

4. 保育仔猪的饲养管理

饲料过渡，饲养制度过渡。

5. 肥育猪的饲养管理

肥育猪是养猪生产的最后一个环节。饲养肥育猪的目的是尽可能短的时间内获得成本低、数量多、质量好的猪肉。

四、疾病防治

（一）疾病防治的原则

1）预防为主，防重于治。

2）严格防疫制度，限制人员出入，控制病原侵入。

3）准确判断病因，对症治疗，配合用药。

4）注意药物配伍，按照疗程合理用药。

5）轮换用药、交叉用药，防止耐药性。

（二）消毒

控制体外病原体的方式：清洗、消毒、全进全出。

第十三章

现代养猪技术

1. 有效预防疾病的基本环节

消毒药品的选择，科学合理的防疫程序，优良环境条件的保证，充足的营养水平。

2. 消毒的种类

分为预防消毒、患病期消毒、空栏消毒、载畜消毒。

3. 消毒的方法

物理消毒，清扫冲洗、通风干燥、太阳暴晒、紫外线灯、火焰消毒、化学品消毒、生物消毒。

4. 消毒药品的分类

1）醛类消毒剂，如甲醛。

2）双季铵盐类消毒剂，如百毒杀、双季胺灵。

3）卤素类消毒剂，如氯制剂、碘制剂。

4）碱类消毒剂，如火碱、生石灰、草木灰。

5）酚类消毒剂，如来苏尔、苯酚。

6）综合类消毒剂，如复合粉、二氧化氯。

5. 特殊情况需加强消毒

大风后、大雨、雪后、霜、雾后。

（三）防疫

1. 控制体内病原体的方式

疫苗免疫、免疫细胞、免疫抗体。

2. 科学合理的防疫

1）适合本地的科学防疫程序。

2）适合本场菌株的有效疫苗。

3）确实有效的疫苗注射。

3. 防疫的注意事项

1）母源抗体的水平。

2）注意群体综合抗体的水平。

3）减少应激。

4）确实有效的注射。

第十四章 蛋鸡标准化养殖技术

一、国内的优良品种

（一）北京白鸡

是以国外白壳蛋系父母代、商品代鸡群为基础，由北京市组织专家育成的一个优良白壳蛋鸡新品种。该鸡具有白色来航鸡中的外貌特征，体型小，全身羽毛白色，冠大鲜红。

（二）滨白鸡

由黑龙江省东北农学院1976—1984年育成的轻型白壳蛋配套杂交蛋鸡，属来航鸡型，特点是产蛋多且蛋个大，蛋质好，生命力强。

（三）北京红鸡

北京第二种鸡场在1981年引进的星杂579基础上，经过9个世代选育而成的一个褐壳蛋鸡种，具有适应性强的特点。

（四）仙居鸡

又名梅林鸡。原产浙江仙居县。是一种小型地方蛋鸡种，耐粗饲，觅食力强，适于放牧饲养。体型小，结实紧凑，动作灵敏，眼突出，喙弯曲，单冠，高脚。母鸡羽毛有黄、花、黑三种颜色，也有白色和杂色的。

（五）白耳黄鸡

又叫白银耳鸡。因其身披黄色羽毛，耳叶白色而得名。原产江西广丰、上饶、玉山。该鸡以白耳、三黄、体轻小、羽毛紧凑、蛋大壳厚为特色。

二、鸡场选择和布局

场址选择应遵循无公害、生态和可持续发展，便于防疫原则。从地形地势、土壤、交通、电力、物资供应及与周围环境的配置关系等多方面综合考虑。

（一）选址原则

1）土地使用应符合当地农牧业区划与布局的要求，以不占用基本农田、节省用地、合理利用山坡废弃土地为原则。

2）距离主要交通干线、居民区、屠宰场、食品加工厂、化工厂1 000米以上的下风向为宜。距离家禽养殖区5千米以上。

3）鸡场应建在地势较高、地面干燥、背风向阳、夏季通风良好、土壤透水性好的沙土壤，给排水方便、远离噪声的区域。

4）鸡场区应有充足、方便取用并符合卫生标准的地下水或自来水，确保生产生活用水。

5）有稳定的电力供应并配有应急使用的发电机组。

（二）场区布置

1）场区设置布局合理，应有生产区、办公区、生活区、辅助生产区、粪便及废弃物处理区。生产工艺设计，以从净区向污染区不可逆走向的要求进行布局。

2）生活区、办公区、辅助生产区等的建筑物，应设在生产区的上风区，并与生产区保持50米以上的距离，同时建立不透风围墙加以隔离。

3）饲料加工厂也应与生产生活区保持相应的距离，以减少饲料的污染。

4）粪便暂存、病死鸡及废弃物处理区及设施，应设在生产区围墙外下风区，地势较低的地段，并与生产区保持100米以上的距离。该区的场地与设施要进行封闭。

5）生产区具有配套合理的育雏、育成和蛋鸡各阶段鸡舍，并划分成相对独立的生产小区，小区之间保持50米以上隔离距离，小区内每栋鸡舍间距为4~5个舍高的距离。

6）应采用全进全出的鸡群周转饲养工艺模式。

7）场内道路应分设净道和污道。场内净道和污道要严格分开，路面硬化，主干道宽6米，支干道宽3米。

8）生产区周围应建立围墙，墙高2米，进出大门、防疫沟与外界保持隔离。

三、鸡舍建筑、设备与设施

（一）鸡舍建筑

1. 鸡舍类型

鸡舍基本上分为两大类，即开放式鸡舍和密闭式鸡舍。

（1）开放式鸡舍　最常见的形式是四面有墙、南墙留大窗户、北墙留小窗户的有墙鸡舍。

此类鸡舍全部或部分靠自然通风、自然光照，舍内温湿度基本上随季节的变化而变化。

（2）密闭式鸡舍　这种鸡舍顶盖与四壁隔热良好，四周无窗，舍内环境通过人工或仪器控制进行调节。鸡舍内采用人工透光与光照，通过变化通风量的大小控制舍内温度、湿度和空气成分。

2. 鸡舍各部结构要求

（1）地基与地面　地基应深厚、结实。地面要求高出舍外、防潮、平坦，易于清洗消毒。

（2）墙壁　隔热性能好，能防御外界风雨侵袭。多用砖或石头垒成，墙外用水泥抹缝，墙内面用水泥或白灰挂面，以便防潮和利于冲刷。

（3）屋顶　除平养跨度不大的小鸡舍有用单坡式屋顶外，一般常用双坡式。

（4）门窗　门一般设在南向鸡舍的南面。门的大小一般单扇门高2米，宽1米，两扇门高2米，宽1.6米。

开放式鸡舍的窗户应设在前后墙上，前窗应宽大，离地面可较低，以便于采光，窗户与地面面积之比为110∶18。后窗应小，约为前窗面积的2/3，离地面可较高，以利于夏季通风。密闭鸡舍不设窗户，只设应急窗和通风进出气孔。

（5）鸡舍跨度、长度和高度　鸡舍的跨度视鸡舍屋顶的形式、鸡舍类型和饲养方式而定。一般跨度为开放式鸡舍6~10米，密闭式鸡舍12~

15米。

鸡舍的长度一般取决于鸡舍的跨度和管理的机械化程度。跨度6~10米的鸡舍，长度一般在30~60米，跨度较大的鸡舍如12米，长度一般在70~80米。机械化程度较高的鸡舍可长一些，但不宜超过100米，否则机械设备的制作安装难度较大，材料不易解决。

鸡舍的高度应根据鸡舍的饲养方法、清粪方法、跨度与气候条件而定。跨度不大、干养以及不太热的地区，鸡舍不必太高，一般鸡舍屋檐的高度2.0~2.5米；跨度大，又是多层鸡笼，鸡舍的高度为3米，或者以最上层的鸡笼距离屋顶1~1.5米为宜；若为高床密闭式鸡舍，由于下部设粪坑，高度一般为4.5~5米。

（6）操作间与走廊 操作间是饲养员机型操作和存放工具的地方。鸡舍的长度若不超过40米，操作间可设在鸡舍的一端，若鸡舍长度超过40米，则应设在鸡舍中间。走道的位置，视鸡舍的跨度而定，平养鸡舍跨度比较小，走道一般设在鸡舍的一侧，宽度1~1.2米；跨度大于9米时，走道设在中间，宽度1.5~1.8米，便于采用小车喂料。笼养鸡舍无论鸡舍跨度多大，视鸡笼的排列方式而定，鸡笼之间的走道为0.8~1.0米。

（7）运动场 开放式鸡舍地面平养时，一般都设有运动场。运动场与鸡舍等长，宽度约为鸡舍跨度的2倍。

（二）设备

1. 蛋鸡配套笼养设备

包括育雏、育成、产蛋鸡笼、自动给料、自动给水与自动除粪设备。产蛋鸡笼笼底面积不得少于380厘米^2/只。

2. 饲料加工设备

根据饲养规模购置原料粉碎机、饲料搅拌机、成品料包装设备及原料储存仓等。

3. 环控设备

纵向通风使用的轴流风机及湿帘降温系统。风机宜使用大口径低速风机。

4. 光照设备

包括灯具及其控制设备，照明宜采用现代节能灯具。

5. 育雏舍的供暖设备

根据条件可采用水暖设备、火炉供暖及热风炉供暖设备，推荐使用热风炉供暖。

6. 粪污处理设备及死鸡焚烧炉。

（三）设施

1. 消毒设施

场区门口有消毒池，鸡舍门口有消毒盆，场区有消毒泵等消毒器械。

2. 辅助设施

有门卫公共更衣消毒室、兽医化验室、解剖室。配备清粪设备、储粪场所及鸡粪无害化处理设备，大门消毒池。

3. 其他配套设备

配电室及发电机房配15千瓦以上的发电机组；场内排水排污系统包括地下排水管道和渗水井。

四、育雏鸡的培育

（一）培育阶段的划分

通常将0～20周的鸡称为"后备鸡"，由于培育的环境和营养的不同将其大致划分为两或三个阶段。两阶段，幼雏：0～6周；育成：7～20周。三阶段，幼雏：0～6周；中雏：7～14周；大雏15～20周。

（二）培育目标

（1）健康　无病、食欲正常、活泼、反应灵敏、羽毛紧凑有光泽。

（2）成活率高　0～6周死亡率不超过2%。

（3）生长发育正常　生长发育符合本品种的技术要求。

（4）体重　体重符合标准，无多余脂肪。

（5）均匀度　较理想的均匀度指标是95%的雏鸡体重在平均体重正负两个标准差范围内。

（6）其他　骨骼发育良好，无腿病、羽毛丰满、肌肉发育良好。

第十四章　蛋鸡标准化养殖技术

（三）育雏前的准备

1. 育雏方式的选择

（1）地面育雏　在地面上铺垫料饲养雏鸡的方式。

（2）网上育雏　在距离地面以上50～60厘米以铁丝网或塑料网，或木条、竹竿搭成的平面网。小雏用小孔网，大雏用大孔网。开始时用报纸或纸板铺垫，而后一周左右撤换掉。

（3）立体育雏　使用立体育雏笼育雏，一般为3～5层叠式笼。现代立体育雏笼每层均设有给温区、保温区和散热区。

2. 制订育雏计划

育雏计划制订依据鸡舍建筑和设备条件，生产规模及工艺流程，制订较缜密的年度计划。育雏计划具体内容包括以下几项。

1）拟订进雏与雏鸡周转计划。

2）饲料及物资供应计划。

3）防疫计划。

4）财务预算计划。

5）技术经济指标。

3. 房舍设备

（1）独立的育雏舍　要求育雏舍应单独设置，不与其他鸡舍接近，或设定一定距离的隔离带，减少疾病感染的机会。

（2）进雏前进行必要的维修和改造。

（3）设备　检修供暖、供水和光照设备、安装调试育雏笼具及其辅助设备。

4. 消毒

要求在育雏舍准备完成后应立即对其进行全面清扫、冲刷干净。在舍内使用的设备和工具全部就位后实施消毒。

5. 试温与用具

（1）试温　育雏舍在进雏前1～2天必须进行试温，将温度调整到最佳。

（2）用具　料盘与料桶、水槽及饮水器、垫料、操作工具等均应做好准备。

（四）雏鸡的选择与运输

1. 雏鸡的选择

品种纯正，健康无病、无残疾、卵黄吸收好、腹部松软，精神状态好、活泼好动、羽毛光亮整齐、手握有挣扎力。

2. 运输

1）保温、供氧、适宜密度。

2）车辆卫生与消毒要彻底，运输过程要平稳，防止剧烈颠簸。

3）准时到达不得延误。

（五）雏鸡的饲养

1. 饮水

饮水方法与时间：雏鸡到达后应立即给水，1～2小时后给料；要有足够的饮水器、饮水空间和环境。饮水量受环境温度、体重、采食量、疾病等因素的影响，差异很大。

2. 饲喂

（1）开食时间　正常情况下，在孵出后24～26小时开食为宜，一般在饮水1～2小时后再开食。

（2）开食方法　开食用浅料盘、纸板或塑料布铺在地面或网上，将饲料均匀撒在上面。人工引导雏鸡啄食，使雏鸡及早学会采食。饲料要少喂勤添。开食头3天采用23小时光照。

（3）饲喂空间　为保证雏鸡吃饱吃好，要有足够的料槽。

（4）喂料量　根据不同品种的饲养手册执行。

（5）雏鸡日粮　给予优质全价饲料。

（六）雏鸡的管理

1. 温度

温度控制程序：开食1～3天，采用34～35℃；4～7天，采用32～33℃，以后每周降2～3℃，至室温20℃恒定，夏季降3℃，冬季降2℃。

（1）看鸡施温　温度适宜，精神焕发、食欲良好、饮水适度；温度过高，小鸡远离热源、张口喘气、饮水增加。

（2）脱温　雏鸡逐渐长大，室内外温度差不大时，即可以开始脱温，

要求脱温速度不要太快，用3～5天逐渐完成；天气异常降温，应延迟脱温时间。

2. 密度

育雏阶段应保持适宜的密度，对雏鸡的健康非常有益；应根据雏鸡的日龄、品种、饲养方式、季节和通风条件进行调整。一般1～2周，笼养60只/米²，平养30只/米²；3～4周，笼养40只/米²，平养25只/米²。

3. 通风

根据室内外温差、季节和舍内空气质量加以控制。一般通风量4周龄前最小通风量为0.56米³/小时，8周龄5.5米³/小时。小鸡通风注意不要直接吹鸡群（防贼风）。

4. 湿度

适宜湿度56%～70%，要求前高后低，尤其是育成后期鸡舍湿度不能过高。

5. 断喙

蛋鸡一般在6～10日龄进行精确断喙，在转群前对断喙效果不理想的进行一次修喙。

五、育成鸡的培育

（一）育成鸡的培育目标

一般要求：18周龄的育成鸡要求健康无病，体重符合该品种标准，肌肉发育良好，无多余脂肪，骨骼坚实，体质状况良好；鸡群生长整齐；测定体重、趾长在标准上下10%范围内，至少80%符合要求。

（二）育成鸡的饲养

1. 日粮过渡

过渡方法：其一，从5或7周龄的第1～2天，用2/3育雏料和1/3育成料混合；其二，3～4天，用1/2育雏料和1/2育成料混合喂给；其三，5～6天，1/3育雏料和2/3育成料混合喂给；以后喂给育成料。

2. 饲料更换的体重、趾长标准

6周末体重、趾长符合标准时，7周龄开始更换饲料；未达标者，可以继续喂育雏料，直到达标为止。

3. 饮水

育成鸡要有足够的饮水空间；要根据鸡的体重、季节、采食量供水。饮用符合标准的清洁卫生的饮水。

（三）体重的测定与均匀度

1. 体重测定

（1）轻型鸡　从6周龄开始每隔1~2周称重一次；

（2）中型鸡　4周龄后每隔1~2周称重一次；

（3）测定数量　万只鸡按1%抽样，小群5%抽样，但每次称重数量不得少于50只。要随机分区均匀抽样，每次抽样一定要全部称完，不得挑鸡。

2. 均匀度测定

（1）鸡群的均匀度　是指鸡群体中体重落入平均体重±10%范围内的鸡所占的百分比。

举例：某鸡群10周龄平均体重为760克，超过和低于平均体重的范围是：760+（760×10%）=836克；760−（760×10%）=684克，在5 000只鸡群中抽样5%的250只鸡，在体重±10%范围（684~836克）内的鸡有198只，那么鸡群均匀度是198/250=79.2%。

（2）鸡群均匀度的标准　合格70%~76%、较好77%~83%、很好84%~90%。鸡群均匀度的变异系数：合格，变异系数9%~10%；较好，变异系数7%~8%。

六、育成鸡的管理

（一）饲养密度

网上平养：10~12只/米^2；笼养：笼底面积15~16只/米^2。有条件的尽可能减少饲养密度。

（二）控制性成熟

既不要早熟又不能过晚，达到体成熟与性成熟的相一致方能适时开产。控制方法：采用光照程序控制与限制饲喂相结合的方法。

（三）饲喂设备

足够的采食宽度，料槽8厘米/只，圆料盘4.5厘米/只。饮水器2厘米/只。

（四）通风

保持舍内空气新鲜，夏季加大通风量有利于降温，减少鸡群的热应激。

（五）预防啄癖

采取减少密度、注意通风、降低光照强度，清除体外寄生虫等方法控制啄癖的发生。

（六）卫生和免疫

严格执行疾病防控制度减少疾病的传播；认真按疫苗接种方案及时接种疫苗；注意疫苗的质量和保存，确保疫苗的有效性；掌握疫苗接种技术，做到部位、计量的准确；做好免疫监测，修正接种方案；发现寄生虫及时投药治疗。

（七）适时转群

无论何种情况育成鸡必须在18～20周转入产蛋鸡舍。

七、产蛋鸡的管理

（一）开产前的准备

1.鸡舍的整理与消毒

（1）进行设备维护　供水、供电、取暖、通风、鸡笼、清粪设备等进行维护，并试运行。

（2）鸡舍维护　维护地面、墙壁、门窗及堵塞漏洞。

（3）鸡舍消毒

①喷洒消毒（上一批鸡淘汰后）：清扫前的预备消毒，目的是消灭有害病毒，用普通消毒剂。

②清理物资：移除舍内的用具（能活动的），在舍外指定地点冲刷、晾晒、消毒。

③鸡舍清扫：彻底打扫鸡舍的每一个角落。

④冲洗：清扫后用高压水枪对鸡舍内墙壁、地面、设备彻底冲刷，直至

无污渍为止。

⑤火焰消毒：用火焰（喷灯）对舍内、设备表面喷烧一遍。

⑥设备复位：将鸡舍内所有移动的工具重新放置安装到位，并调试正常，地面铺好垫料。

⑦喷洒消毒：用化学消毒剂，对舍内地面、设备、工具消毒。消毒时要保持舍内温度在25℃以上，地面用火碱刷洗消毒。

⑧熏蒸消毒：封闭鸡舍，加温、加湿，用甲醛42毫升、高锰酸钾21克/米³熏蒸24小时以上，进鸡前3天打开鸡舍。

⑨空舍：老鸡淘汰再进新鸡，两批鸡衔接消毒空舍时间不得少于3周。

2. 整顿鸡群

挑鸡，严格淘汰病、残、弱、小的不良个体。做好驱虫、疾病净化和最后的免疫。

3. 转群

（1）转群时间的选择　一般在18～20周前必须将后备鸡转入产蛋鸡舍。应选择气温适宜的天气转群，最好是夜晚转。

（2）后备蛋鸡转群前的饲养管理　转群前两天，饲料中添加2倍的维生素和电解质，转群当日24小时光照，并停水4～6小时。

（3）转群的组织工作　做好人力、工具的准备，做好分工，轻拿轻放，防止伤鸡和压死鸡的现象发生。

（4）转笼后的饲养管理　观察鸡群状态，是否有异常并采取相应措施；及时给水、给料，继续给维生素和电解质2～3天，换料与补充光照。

（二）开产前后饲养管理要点

1. 适宜的体重标准

18周龄必须测体重（白壳蛋鸡1.2～1.3千克，褐壳蛋鸡1.4～1.5千克）。与相对应的终极标准相对照，未达标者提高饲料能量蛋白质水平，继续使用育成料至体重达标后换料，并自由采食。

2. 饲喂

换料后供给高营养的产蛋鸡饲料，不得限制饲养，一直到产蛋高峰过后停止。

3. 补充光照

18周龄体重达到标准，18周或20周补充光照。体重未达到标准者推迟一周补光。

4. 更换日粮

（1）更换时间　当鸡群产蛋率达到5%时，更换产蛋鸡日粮，一般在18～20周更换。

（2）更换方法　设计一个前期饲料配方，钙含量2%，其他营养与产蛋鸡相同，用作过渡料；产蛋鸡料按1/3、1/2比例逐渐替换育成鸡料。

（三）蛋鸡的饲养管理

1. 疾病净化

投药：开产前必须进行1～2次的投药，而后产蛋期每隔4～5周投药一次。

2. 免疫监测

若发现新瘟疫、禽流感抗体效果不高，应立即注射一次油乳剂灭活苗或饮一次弱毒苗。

3. 喂料与饮水

喂料：一般产蛋鸡每日喂料3次，第一次，在早晨给水后30分钟，料量是日喂量的1/2；第二次，在下午2点以后，料量1/2；第三次，在闭灯前1.5小时，此次是对全天料量的一次补充；并加喂大粒贝壳粉或石砾。

饮水：产蛋鸡饮水量一般是采食量的2～2.5倍。

4. 日常管理

观察鸡群：看，生产情况、精神状态、饮食情况、粪便情况、站立活动、鸡冠、羽毛光泽与整齐状态等；听，有无呼吸异常、咳嗽、喷嚏、打呼噜、甩鼻等；触摸，检查鸡的肥瘦、腹部大小、耻骨间距、嗉囊等；分析，对异常情况，会同技术人员分析定论；处理，针对问题采取相应的措施，调整饲养管理、隔离或淘汰病鸡、补充免疫或投药治疗。

5. 四季管理

四季注意气候变化、调节通风、加强卫生消毒、满足营养。夏季主要是防暑，采取一系列防暑措施，除此之外还需在日粮中添加抗热应激添加剂，调节日粮浓度（加3%～5%油脂）。

秋季做好鸡舍防寒保暖准备工作，补充光照，淘汰换羽和停产鸡，控制通风。

冬季封闭鸡舍，防寒保暖，适度通风，注意光照，根据舍温适当供暖。

（四）鸡蛋产品管理

及时收集鸡蛋，每日2~3次，收集的鸡蛋应及时送专用商品蛋库保管，蛋库温度在10~15℃，湿度60%~70%。储存时间不得超过7天。

第三篇

运城市农作物绿色防控技术

第十五章　小麦重大病虫害防控技术

一、防控目标

总体防治处置率达90%以上，综合防治效果达85%以上，将病虫为害损失率控制在5%以内。各优质小麦生产基地、高产创建示范片、绿色防控示范区实现统防统治和绿色防控全覆盖。

二、防控策略

以小麦"三病两虫"，即条锈病、赤霉病、白粉病、蚜虫、麦蜘蛛为防控重点，坚持突出重点、因地制宜、分区治理、分类指导的原则，针对重点地区、重大病虫、关键时期，实施绿色防控、统防统治，实现科学防控、农药减量控害，确保小麦产量和品质安全。

三、防控措施

（一）小麦条锈病

采取"带药侦察、发现一点、防治一片"的预防措施，及时控制发病中心；当田间平均病叶率达到0.5%~1%时，组织开展大面积应急防治，并且做到同类区域防治全覆盖。防治药剂可选用三唑酮、烯唑醇、戊唑醇、氟环唑、丙环唑、嘧啶核苷类抗生素、丙唑·戊唑醇等。

（二）小麦赤霉病

近年赤霉病发生区，要在加强健身栽培的基础上，抓住小麦抽穗扬花关键时期，做到见花打药，主动预防，遏制病害流行。对高感品种，如果气象预报小麦扬花期有2天以上的连阴雨天气，首次施药时间应提前至破口抽穗期。药剂品种可选用氰烯菌酯、咪鲜胺、戊唑醇、福美双、甲基硫菌灵、肟菌·戊唑醇、咪铜·氟环唑、枯草芽孢杆菌、井冈·蜡芽菌等，要用足药液量，施药后3~6小时内遇雨，应及时补治。近年赤霉病偶发区，可结合其他病虫防治，在抽穗扬花期实行兼治。

（三）小麦白粉病

在春季发病初期，当病叶率达到10%时喷药防治。常用药剂有三唑酮、烯唑醇、腈菌唑、丙环唑、氟环唑、戊唑醇、咪鲜胺、醚菌酯等。严重发生田，应隔7~10天再喷1次。要用足药液量，均匀喷透，提高防治效果。

（四）小麦纹枯病

小麦返青即可发病，病株率达10%左右时，可选用噻呋酰胺、戊唑醇、丙环唑、烯唑醇、井冈霉素、多抗霉素、木霉菌、井冈·蜡芽菌等高效、低毒杀菌剂或生物菌剂，用足药液量，对准基部，均匀喷透。

（五）小麦茎基腐病

由于登记在小麦茎基腐病上的农药较少，可选用氟唑菌酰羟胺、噻呋酰胺、氰烯菌酯、醚菌酯、吡唑醚菌酯、嘧菌酯·丙环唑、氰烯·戊唑醇、丙唑·戊唑醇等防治镰刀菌的药剂。要注意加大用水量将药液喷淋在麦株茎基部，以确保防治效果。

（六）小麦蚜虫

当苗期百茎蚜量达到200头时，应进行重点挑治。一旦百穗蚜量达500头，立即组织开展统防统治，可选用呋虫胺、啶虫脒、噻虫嗪、噻虫胺、氟啶虫胺腈、高效氯氟氰菊酯、吡蚜酮、苦参碱等药剂喷雾防治。常年重发区一旦穗期气候条件适宜，蚜虫发生代次增加、繁殖速度加快，呈暴发为害势头时，立即组织应急防治。有条件的地区，提倡释放蚜茧蜂、瓢虫等进行生物防治。

（七）麦蜘蛛

在返青拔节期，当平均33厘米行长螨量达200头时，可选用阿维菌素、联苯菊酯、联苯菊酯、哒螨灵、马拉·辛硫磷等药剂喷雾防治，同时可通过深耕、除草、增施肥料、灌水等农业措施进行控制。有条件地区，可采用人工释放捕食螨进行防治。

（八）小麦吸浆虫

重点抓好小麦穗期成虫防治。一般发生区当每10复网次有成虫25头以上，或用两手扒开麦垄，一眼能看到2头以上成虫时，尽早选用辛硫磷、高效氯氟氰菊酯、氯氟·吡虫啉等农药喷雾防治。重发区间隔3天再施1次药，以确保防治效果。

（九）地下害虫

在秋播包衣或拌种选用辛硫磷、二嗪磷等药剂处理的基础上，在返青期，当每平方米有地下害虫1~2头时，可用辛硫磷等药剂灌根进行防治。

四、注意事项

（一）科学选用农药

要根据病虫害发生实际情况，优先选择环境友好型适用农药，采取科学配方进行防治。购买农药要做到选购三证齐全、取得登记的产品，拒绝使用不合格产品，以免影响防治效果。

（二）科学配制农药

要按具体农药品种使用说明操作，确保准确用药，各计各量，不得随意增加或减少用药量。配制时，一定要先用少量水溶解后再倒入施药器械内搅拌均匀，以免药液不匀导致药害。

（三）选择施药时间

小麦扬花期施药应避开受粉时间，同时应避免高温暴晒情况下施药，施药后6小时内遇雨应补喷。

（四）遵守操作规程

严格遵守农药使用安全操作规程，确保操作人员安全防护，防止中毒。

第十六章　玉米重大病虫害防控技术

一、防控目标

总体防治处置率达90%以上，综合防治效果达85%以上，将病虫为害损失率控制在5%以内。

二、防控策略

以玉米"四虫一病"，即草地贪夜蛾、黏虫、玉米螟、玉米叶螨、玉米大小斑病为防控重点，坚持分类指导、分区施策、联防联控的原则，突出绿色防控技术应用，着力推进绿色防控与专业化统防统治相融合。

三、防控措施

（一）玉米大小斑病

选用抗耐病品种，合理密植，科学施肥。在玉米心叶末期，选用枯草芽孢杆菌、井冈霉素A、苯醚甲环唑、丁香菌酯、吡唑醚菌酯、丙环·嘧菌酯等杀菌剂喷施，视发病情况隔7~10天再喷1次。与芸苔素内酯等混用可提高防效。

（二）茎腐病

选用抗耐病品种，及时排涝。利用含有精甲·咯菌腈、苯醚甲环唑、吡唑醚菌酯或戊唑醇等成分的种子处理剂包衣或拌种，兼治丝黑穗病。

（三）玉米纹枯病

选用抗耐病品种，合理密植。选用含有噻呋酰胺的种子处理剂包衣或拌种，发病初期剥除茎基部发病叶鞘，喷施井冈霉素A等杀菌剂喷施，视发病情况隔7～10天再喷1次。

（四）草地贪夜蛾

对虫口密度高、集中连片发生区域，抓住幼虫低龄期实施统防统治和联防联控；对分散发生区实施重点挑治和点杀点治。推广应用甲氨基阿维菌素苯甲酸盐、乙基多杀菌素、氯虫苯甲酰胺、四氯虫酰胺、茚虫威、虱螨脲、虫螨腈等高效低风险农药。

（五）黏虫

成虫迁入期，采用杀虫灯、性诱剂、食诱剂、糖醋液等诱杀成虫，减少田间落卵量；幼虫3龄前，选用甲氨基阿维菌素苯甲酸盐、氯氰菊酯、溴氰菊酯、氯虫苯甲酰胺、灭幼脲等药剂喷雾防治。

（六）玉米螟

秸秆粉碎还田，减少虫源基数；成虫发生期使用杀虫灯结合性诱剂诱杀；成虫产卵初期释放赤眼蜂灭卵；心叶期幼虫低龄阶段优先选用苏云金芽孢杆菌、球孢白僵菌、甘蓝夜蛾核型多角体病毒、金龟子绿僵菌等生物农药，或选用四氯虫酰胺、氯虫苯甲酰胺等酰胺类、甲氨基阿维菌素苯甲酸盐、乙基多杀菌素、茚虫威等杀虫剂喷雾防治。兼治桃蛀螟、棉铃虫等钻蛀性害虫。

（七）玉米叶螨

及时清除田边地头杂草，消灭早期叶螨栖息场所。点片发生时，选用哒螨灵、噻螨酮、炔螨特、阿维菌素等喷雾或合理混配喷施，重点喷洒田块周边玉米植株中下部叶片背面，田边地头的杂草也要一同喷洒；加入尿素水、展着剂等可起到恢复叶片、提高防效的作用。

（八）蚜虫

玉米抽雄期，蚜虫盛发初期喷施噻虫嗪、吡虫啉、啶虫脒、吡蚜酮等药剂。

（九）双斑长跗萤叶甲

在玉米吐丝受粉期，平均单穗花丝超过5头时进行防治，选用甲氨基阿维菌素苯甲酸盐、噻虫嗪、高效氯氟氰菊酯等杀虫剂喷施，重点喷施果穗花丝等部位。

（十）二点委夜蛾

深耕冬闲田，播前灭茬或清茬，清除玉米播种沟上的覆盖物。药剂防治可选用氯虫苯甲酰胺、甲氨基阿维菌素苯甲酸盐等，可采用喷雾、毒饵诱杀和撒毒土等方式。

（十一）地下害虫

利用含有噻虫嗪等新烟碱类杀虫剂与氯虫苯甲酰胺、溴氰虫酰胺等复配的种子处理剂包衣或拌种，兼治蓟马、灰飞虱等苗期害虫。

四、专业化统防统治技术

（一）秸秆处理、深耕灭茬技术

采取秸秆综合利用、粉碎还田、深耕土壤、播前灭茬等手段，严重发生地块病残体离田处理，压低病虫源基数。

（二）种子处理技术

根据地下害虫、土传病害和苗期病虫害种类，选择适宜的种子处理剂统一包衣或拌种。

（三）成虫诱杀技术

在趋光性害虫成虫羽化期，使用杀虫灯诱杀，对玉米螟越冬代成虫可结合性诱剂诱杀。

（四）苗期害虫防治技术

根据苗期害虫发生情况，选用适宜的杀虫剂喷雾防治。当季使用过烟嘧磺隆除草剂的地块，避免使用有机磷农药，以免发生药害。

（五）中后期病虫科学用药技术

心叶末期，统一喷洒苏云金芽孢杆菌、球孢白僵菌、金龟子绿僵菌等生

第十六章　玉米重大病虫害防控技术

物制剂防治玉米螟、棉铃虫和草地贪夜蛾；根据叶斑病、穗腐病、玉米螟、棉铃虫、蚜虫和双斑长跗萤叶甲等病虫发生情况，合理使用杀虫剂和杀菌剂，控制后期病虫为害。宜使用高秆作物喷雾机和航化作业提升防控效率和效果。

（六）赤眼蜂防虫技术

在玉米螟、棉铃虫、桃蛀螟等害虫产卵初期至盛期，选用当地优势蜂种，每亩放蜂1.5万～2万头，每亩设置3～5个释放点，间隔7天分两次统一释放。

五、注意事项

（一）合理开展理化诱控

杀虫灯注意在害虫成虫羽化高峰期和夜间活跃时段使用，最大限度保护生态平衡。性信息素诱杀技术应大面积连片应用，且不能将不同害虫的诱芯置于同一诱捕器内。

（二）科学使用农药

生物农药应适当提前施用，确保防效。施药宜在清晨或傍晚，用水量要足，施药部位要精准。注重农药的交替使用、轮换使用、安全使用，延缓耐药性产生。

第十七章　果树病虫害绿色防控技术

农作物病虫害绿色防控工作是各项植保技术集成的配套技术，是植保工作的发展方向，也是植保部门适应农业生产方式转变、防灾减灾、发展现代农业的客观要求。

一、种植情况

运城市是传统的农业大市，改革开放以来以苹果为主的果业产业快速发展，临猗、万荣、平陆、芮城、盐湖5个县（区）被农业农村部列为黄土高原苹果优势产业带重点县。全市果树面积300余万亩，年产量685万吨。全市栽植水果共13类174个品种，北方有的水果品种运城基本都有，全市水果品种多，面积大，并且有20万亩设施水果，超过5万亩的主栽种类分别是苹果、桃、油桃、梨、葡萄、杏、山楂、樱桃。运城苹果、绛县山楂、盐湖酥梨、临晋江石榴等产品获得地理标志保护认证。农民人均果业收入已占到全市农民人均收入的40%。在一些果业大县，80%的耕地用于种植果树；80%的农民从事果业；农民收入的80%来自果业。特色水果产业已成为运城现代农业发展的支柱产业，农业农村经济发展的最大亮点。

二、防控措施

（一）农业防治

主要是合理修剪和水肥管理，冬春季及时清理果园，捡拾处理病虫果等压低病虫基数等农业措施，压低病虫基数，创造不利于病虫生存环境，有利于果树和有益生物生存的环境。

（二）生态调控

1. 树干涂白

初冬落叶后，进行树干涂白。涂抹树干和主枝基部，预防冻害，防控越冬病虫。可以购置优质涂白剂选用扇形喷头对树干进行细致的喷涂，喷完后及时清洗喷雾机械和喷头。示范基地覆盖率100%，全市果园覆盖率56%。

2. 果园种草、生草技术

根据不同果园肥水状况，分别采用自然生草和种草生草，增加果园有机质，改善果园生态环境。肥水水平高可在果园种植白三叶、紫花苜蓿、繁缕、二月兰、油菜等；肥水水平一般或较差的采用自然生草。示范基地覆盖率100%，全市果园覆盖率85%。

3. 果园铺设地布

新栽果园的果树树盘下规划铺设防草地布，一般每亩300米^{2}左右，对土壤起到保墒保湿、增温防草，提高土壤养分利用率、提升树苗成活率等效果。示范基地、全市新栽果园覆盖率100%。

（三）生物防治

1. 生物农药

采用石硫合剂、波尔多液、苦参碱、印楝素、藜芦碱、灭幼脲、多杀霉素、枯草芽孢杆菌、地衣芽孢杆菌、多抗霉素、中生菌素等矿物源、植物源、生物源农药防治病虫害，保护利用天敌。示范基地覆盖率100%，全市果园覆盖率90%以上。

2. 捕食螨等天敌生物防治

创造有利于天敌生长的苹果园生态环境，释放胡瓜钝绥螨等捕食螨和瓢虫、赤眼蜂等天敌进行生物防治。

3. 免疫诱抗技术

选用氨基寡糖素、芸苔素内酯、赤·吲乙·芸苔（碧护）等植物免疫诱抗剂和植物生长调节剂进行喷雾3~4次，提高果树抗病、抗逆能力，达到减少农药使用量、增产提质的效果。

（四）理化诱控

1. 灯光诱杀

利用害虫趋光性，开花前果园安装杀虫灯，诱杀各种鞘翅目、鳞翅目成虫，降低害虫田间落卵量，减少后期防治用药。

2. 性信息素诱杀

根据果园虫害发生情况，安装金纹细蛾、苹小卷叶蛾、梨小食心虫等性诱剂诱芯和诱捕器。

3. 黄板诱蚜

避开果园放蜂时段，在果树外围枝条上，每亩悬挂黄板40～60张，诱杀蚜虫。为了减少诱杀有益生物，于6月底、7月初蚜虫盛期过后及时收回集中处理。

4. 粘虫带诱虫带诱杀

8月底至9月上旬即在害虫越冬之前用粘虫带绕果树主干一周，对接后用胶布或胶带固定。可以诱杀红蜘蛛、毒蛾、梨小食心虫、卷夜蛾等越冬害虫，等害虫完全越冬休眠后到出蛰前，解下诱虫带集中处理。

5. 阻隔病虫

对果实进行规范的"双套袋、全套袋"，减少病虫侵害；利用废塑膜、纸袋、报纸黏糊剪锯口或愈合剂及时涂抹保护剪锯口，防止病菌侵染，减少红蜘蛛、绵蚜适生源。

（五）科学用药

选用生物制剂和高效低风险的化学药剂抓住病虫害防治最佳时期进行防治。主要推广石硫合剂、波尔多液、苦参碱、芦藜碱、灭幼脲、甲维盐、多抗霉素、戊唑醇、苯醚甲环唑、嘧啶核苷类抗菌素、多菌灵、代森锰锌、氨基寡糖素等生物制剂和低毒低残留农药。

第十七章　果树病虫害绿色防控技术

第十八章　蔬菜病虫害绿色防控技术

蔬菜病虫害绿色防控是持续控制蔬菜病虫害、保障蔬菜生产安全的重要手段，是促进蔬菜标准化生产、提升蔬菜质量安全水平的必然要求，是降低农药使用风险、保护生态环境的有效途径。2021年运城市蔬菜病虫害绿色防控工作在省站的大力支持下，集成完善农业、物理、生物和化学等综合配套技术体系，确保了农业生产安全、农产品质量安全和农业生态环境安全，经济、社会和生态效益显著。

一、种植情况

全市蔬菜播种面积77万亩，产量229万吨，其中设施蔬菜播种面积29.2万亩，占蔬菜总播种面积的37.9%，产量100.6万吨，占总产的42.4%。全市育苗面积达318亩，育苗能力达1.7亿株。品种包括日光温室内各茬口的黄瓜、小乳瓜、番茄、辣椒、香椿芽，拱棚内各茬口的茼蒿、生菜、菠菜、上海青、香菜、甜瓜、番茄、韭菜、芹菜，露地蔬菜番茄、莲菜、菜心、辣椒、甘蓝、白菜、萝卜等。从种植茬口分析，设施蔬菜越冬茬上年10月至11月定植，1月开始上市，3月底、4月初进入盛产期，6月结束；早春茬2月底3月初开始定植，5月以后开始上市；秋延后蔬菜一般在8月底9月初播种，10月上市。露地蔬菜从3月至9月根据蔬菜种类、品种和茬口安排均有播种。因此从蔬菜生长规律和运城市蔬菜生产情况来看，一、二季度蔬菜产量较低，三、四季度产量高。

露地蔬菜病虫害普遍发生，虫害重于病害，虫害以小菜蛾、蚜虫、甜菜夜蛾、菜青虫、烟粉虱等害虫为主，病害以病毒病、疫病、霜霉病等为主；设施蔬菜病害重于虫害，病害以白粉病、霜霉病、叶霉病、灰霉病、叶枯病、疫病、病毒病、苗期病害等为主，虫害以蚜虫、粉虱、蓟马等刺吸性害虫为主。

二、防控措施

(一)农业防治

主要包括生产管理、耕作制度和量身栽培。对病害来说,运用各种农业调控措施,控制病原物、提高寄主抗性以及恶化发病环境。具体措施有:使用无病种苗,选择抗病品种,改进种植制度,合理施肥,轮作倒茬,搞好田园卫生,及时拉秧清棚,清除病残体,加强栽培管理,适时嫁接换根。

(二)生态调控

主要用于设施农业,光照调控其目标是提高棚内的光照强度,延长光照时间,通过选择透光率高的薄膜增加光照,同时合理栽培,减少株间遮阴,增加株间透光率;温度调控,具有良好的保温效果,可以保温、加温和降温的调节控制,使棚内的温度适宜蔬菜各个生长发育时期的需要;可追施有机肥,增加二氧化碳,影响蔬菜光合作用,增加抗病性;土壤消毒,定植前均匀适量撒施土壤消毒剂杀灭病菌,处理后增施有益菌肥。

(三)生物防治

利用功能植物,棚间空地种植芝麻、苜蓿等利于天敌昆虫繁衍的蜜源植物,或芹菜、茴香等对害虫有驱离作用的驱避植物;利用天敌,适时释放丽蚜小蜂、捕虫螨、瓢虫、草蛉、赤眼蜂等;在害虫点片发生或盛发初期施药,优选微生物源或植物源杀虫剂、杀螨剂。

(四)理化诱控

利用昆虫的趋向性,安装防虫网、杀虫灯、诱虫板、信息素等阻断诱杀成虫。

(五)科学用药

选用生物制剂和高效低风险的化学药剂抓住病虫害防治最佳时期进行防治。主要推广苏云金芽孢杆菌、阿维菌素、甲维盐、苦参碱、灭幼脲、多抗霉素、戊唑醇、代森锰锌、吡唑醚菌酯、甲霜灵、咪鲜胺、春雷霉素等生物制剂和低毒低残留农药。

三、新技术试验示范情况

（一）试验示范的目的意义、拟解决的问题

进行设施蔬菜土壤熏蒸消毒技术的试验示范是为帮助菜农解决连作障碍和根结线虫问题，促进新绛蔬菜产业绿色高质量发展。多年来蔬菜种植可观的经济效益促使农民积极性越来越高，可有限的土地资源也限制了蔬菜产业的发展，土壤连作障碍、根结线虫等问题越来越突出，无地可种成了菜农们的烦心事。为帮助菜农解决连作障碍和根结线虫问题，促进蔬菜产业更好发展需要推广绿色防控技术。

（二）试验示范的结果及推广建议

土壤熏蒸消毒技术在防治根结线虫上取得了极大效果，在运城市得到大力推广，在品种、定植时间、管理技术等因素同等的情况下，通过土壤消毒技术的应用，节约了投入成本，减少了环境污染，提高了蔬菜品质，每亩大棚一茬可增收3 000～5 000元，极大提高了农民种菜积极性。2021年6月19日，在新绛县蔬菜中心、植保站、专家团队的共同努力下，中国农业科学院植物保护研究所"蔬菜土传病害防治配套技术及试验示范"现场观摩会在新绛县隆重召开，"种子、种苗及土壤处理技术及配套装备研发"项目代表，运城市农业农村局部分专家，新绛县农业农村局技术人员，新绛县及周边县市蔬菜专业种植户共计200余人参加了此次会议。在观摩会上，前来参会的省市级专家对这项国家级技术给予了高度肯定和认可。2021年土壤熏蒸消毒技术已在新绛推广面积达1 000亩以上，处理过的蔬菜棚没有了根结线虫，帮助群众彻底解决了连作障碍难题。

四、防控成效

（一）总体防治效果

通过全程绿色防控技术模式，可达到温室蔬菜主要病虫防治处置率90%以上，总体防治效果80%以上，为害损失率控制在10%以内，比常规防治方法减少化学农药使用50%以上，提高了蔬菜品质。

（二）农药减量情况

所用农药为高效、低毒、低残留农药，采用统一购药，统一配药，统一施药，减少了高度剧毒农药的使用，同时严格按照农药标签使用农药，抓住施药关键期，并且采用先进植保机械进行作业，雾化效果好，农药利用率高，可达到杜绝高剧毒农药使用，降低环境污染，提高农药使用率，使病虫害可持续治理。

（三）绿色防控推广普及情况

农业措施与物理措施、化学措施多措并举，阻截虫害发生。以专业合作社为主，大力推广健身栽培、选用抗病品种、防虫网阻隔技术、黄板诱杀技术、性诱剂诱杀技术，同时积极推广生物农药、高效、低毒、安全农药，确保农产品质量安全。全市蔬菜绿色防控面积46.61万亩次。

（四）经济、生态和社会效益情况

绿色防控区天敌数量接近于完全不防区数量，说明核心示范区防控措施对天敌昆虫杀伤力小，生态效益较高，减少了化学农药的使用量，减少了环境污染，社会效益较好。用药成本降低，人工费用降低，蔬菜品质提升，取得了较好的经济效益。

第十八章　蔬菜病虫害绿色防控技术

第十九章　草地贪夜蛾防控技术

一、防控目标

实现"两个确保"，即确保草地贪夜蛾虫口密度达标区域应防尽防，确保发生区域不大面积连片成灾，将害虫为害损失率控制在5%以内。

二、防控策略

继续加强草地贪夜蛾"三横两纵"布防（黄河中条山南部阻截线、峨嵋岭台地生态控制线、汾河北部阻截线、黄河东岸阻截线、涑水河流域阻截线）。层层阻截诱杀迁飞成虫，治早、治小，全面扑杀幼虫，最大限度保障运城市粮食生产安全。

三、防控措施

（一）监测预警

以草地贪夜蛾"三横两纵"监控阻截线沿线为重点，设立监测点，结合高空测报灯、地面虫情测报灯和性诱捕器监测成虫迁飞数量和动态。以玉米为监测重点，兼顾其他寄主作物，在作物生长季，特别是苗期和心叶期开展大田普查，确保早发现、早控制。

（二）综合防治

1. 生态调控

科学选择种植抗耐虫品种，同时在玉米田可间作套种豆类、洋葱、瓜类等对害虫具有驱避性的植物或在田边分批种植甜糯玉米诱虫带，驱避害虫或集中歼灭，减少田间虫量。

2. 种子处理

在播种前，选择含有氯虫苯甲酰胺、溴酰·噻虫嗪等成分的种衣剂实施种子包衣或药剂拌种，防治苗期草地贪夜蛾。

3. 理化诱控

在成虫发生高峰期，采取高空杀虫灯、性诱捕器以及食诱剂等理化诱控措施，诱杀成虫、干扰交配，减少田间落卵量。在玉米集中连片种植区，按照每亩设置1个诱捕器的标准（集中连片使用，面积超过1 000亩，可按1.5～2亩1个诱捕器标准设置）全生育期应用性诱剂诱杀成虫。田边、地角、杂草分布区诱捕器设置密度可以适当增加。苗期诱捕器进虫口距离地面1～1.2米，后期则高于植株顶部15～25厘米，随着作物生长，应注意调节诱捕器高度。在使用期内，根据诱芯的持效期，及时更换诱芯，以达到最佳的诱杀效果。

4. 生物防治

注意保护利用夜蛾黑卵蜂、半闭弯尾姬蜂、淡足侧沟茧蜂等寄生性天敌，以及益蝽、东亚小花蝽、大草蛉、瓢虫等捕食性天敌，在田边地头种植显花植物，营造有利于天敌栖息的生态环境。在草地贪夜蛾卵期积极开展人工释放赤眼蜂等天敌昆虫控害技术。抓住低龄幼虫期，选用苏云金芽孢杆菌、甘蓝夜蛾核型多角体病毒、金龟子绿僵菌、球孢白僵菌等生物农药喷施或撒施，持续控制草地贪夜蛾种群数量。

5. 科学用药

根据虫情调查监测结果，当田间玉米被害株率或低龄幼虫量达到防治指标时（玉米苗期、大喇叭口期、成株期防治指标分别为被害株率5%、20%和10%，对于世代重叠、为害持续时间长、需要多次施药防治的田块，也可采用百株虫量10头的指标），可选用甲氨基阿维菌素苯甲酸盐、乙基多杀菌素、氯虫苯甲酰胺、四氯虫酰胺、茚虫威、虱螨脲、虫螨腈等高效低风险农药，注意重点喷洒心叶、雄穗或雌穗等关键部位。注重农药的交替使用、轮换使用、安全使用，延缓耐药性产生，提高防控效果。

第二十章　蝗虫防控技术

一、防控目标

围绕"飞蝗不起飞成灾、土蝗不扩散为害"的总体目标，飞蝗达标区处置率达100%，专业化统防统治比例达90%以上，生物防治占70%以上。土蝗达标区处置率达70%以上，专业化统防统治比例达70%以上，生物防治占60%以上。

二、防控策略

按照"政府主导、属地责任、联防联控"的工作机制，贯彻"改治并举"治蝗工作方针，协调运用农业、生物、生态和化学方法，狠治夏蝗、抑制秋蝗。运用数字化等方式加强蝗情动态监测，扩大蝗虫监测范围，及时研判蝗虫发生态势。中低密度发生区优先采用生态控制、生物防治等绿色治蝗技术，高密度发生区及时开展应急防治，科学选药，精准施药，推动蝗虫灾害的可持续治理。

三、防控措施

（一）监测预警

采取"系统监测与蝗区普查、无人机侦察与人工踏查"相结合的监测预警技术，充分运用信息化手段，探索运用遥感、雷达等前沿技术，密切监测蝗虫发生动态，及时组织专家会商，为防控提供依据。健全蝗情监测队伍，采用带药侦察的方式开展蝗情调查，重点监测群居型飞蝗蝗群，明确发生期、发生密度、区域范围，发现大面积蝗情要及时发出预警预报信息，并第一时间上报。

（二）综合防治

1. 生态控制

在东亚飞蝗发生区，内涝蝗区结合水位调节，采取造塘养鱼或上粮下鱼、上果下鱼模式，改造生态环境，抑制蝗虫发生；河泛蝗区实行沟渠路林网化，改善滩区生产条件，搞好垦荒种植和精耕细作，或利用滩区牧草资源，开发饲草种植和畜牧养殖，减少蝗虫滋生环境，降低其暴发频率。在土蝗常年重发区，可通过垦荒种植、减少撂荒地面积，春秋深耕细耙等措施破坏土蝗产卵适生环境，压低虫源基数，减轻发生程度。

2. 生物防治

在中低密度发生区（飞蝗密度在0.5头/米^{2}以下和土蝗密度在5头/米^{2}以下），优先使用蝗虫微孢子虫、金龟子绿僵菌等微生物农药防治，合理使用苦参碱、印楝素等植物源农药。生态敏感区可降低防治指标，在2龄盛期采用生物防治措施。必要时，在周边建立隔离带进行药剂封锁。

3. 化学防治

主要在高密度发生区（飞蝗密度10头/米^{2}以上，土蝗密度30头/米^{2}以上）采取化学应急防治。可选用高氯·马、高效氯氰菊酯、马拉硫磷、阿维·三唑磷等农药。在集中连片面积大于500公顷以上的区域，提倡进行飞机防治，推广精准定位施药技术和航空喷洒作业监管与计量系统，确保防治效果。在集中连片面积低于500公顷的区域，可组织病虫害专业化防治服务组织使用大型施药器械开展防治。重点推广超低容量喷雾技术，在芦苇、玉米等高秆作物田以及发生环境复杂区，重点推广烟雾机防治，应选在清晨或傍晚进行。对于地形复杂的丘陵、山区可以使用植保无人机防治。化学防治时，应考虑条带间隔施药，留出合理的生物天敌避难区域。

四、注意事项

治蝗期间正值高温季节，加强作业人员安全防护，防止发生农药中毒事故。同时规范操作施药机械，防止安全事故发生，尤其飞机作业严格遵守通航有关法律、法规和标准规范，严禁强行作业。大面积飞防时，提前发布飞防作业公告，设置防治区警示提醒，强化防治人员的个人防护以及对非靶标生物的安全保护等。

第二十一章　番茄潜叶蛾防控技术

番茄潜叶蛾具有繁殖力强、适生性广、抗逆性高、为害损失重等特点，喜食番茄、马铃薯等茄科类作物，严重发生时可导致番茄减产80%~100%。为有效防控番茄潜叶蛾，保障农业生产安全，严防暴发成灾，特制定本防控技术。

一、防控目标

总体防治处置率达95%以上，综合防治效果达80%以上，将为害损失率控制在10%以内。

二、防控策略

贯彻"预防为主，综合防治"植保方针，全面监测、分区施策、科学防控。未发生地区，加强虫情监测；一般发生田块，采用以绿色防控为主的综合防治技术；重发生田块，采取以化学防治为主的应急处置措施。大力开展统防统治和群防群治，最大限度降低为害损失。

三、防控措施

（一）监测预警

在未发生地区，以设施栽培番茄为重点，其次为露地番茄，兼顾马铃薯、茄子等茄科类作物，布设性诱捕设备开展监测，第一时间掌握虫情动态并及时上报。可使用三角形性诱捕器，将诱芯悬挂于粘虫板中央正上方，距粘虫板底部1厘米。每2~3亩放置一套，诱芯1个月更换1次。在已发生地区，采取性诱为主的系统调查和田间普查方式，重点调查成虫、幼虫和卵的数量，以及潜叶率、蛀果率、潜叶面积、产量损失等，明确分布范围、发生面积、为害程度。

（二）综合防治

1. 农业防治

在虫害发生区，将番茄、马铃薯等茄科类作物与非茄科类作物合理轮作布局。实施集约化育苗，育苗期密切监控，从源头控制虫害。定植前清除残枝枯叶；生长过程中，将带有虫体或者是虫卵的枝条叶片及时处理。若为害损失达80%以上，应立即采取拉秧深埋等措施进行销毁。拉秧前喷药、高温闷杀，拉秧后将植物残体集中深埋处理。

2. 物理防治

安装频振式杀虫灯诱杀成虫，每棚安装1台，接虫口距离地面以1~1.5米为宜；作物超过1.5米时，灯的高度略高于作物。一般每日晚上8点开灯，次日凌晨4点闭灯，有光控系统的可根据自然光的亮度自动开关。还可使用三角形性诱捕器诱杀成虫，布设高度：苗期以高出作物5~10厘米为宜，生长中后期以作物中部偏下位置为宜。每亩放置1~3套诱捕器，棋盘式悬挂于田间。在棚室旁设置缓冲区，在门口和入口及上、下通风口安装防虫网，阻断害虫侵入。

3. 生物防治

注意保护天敌昆虫，田间释放花蝽、草蛉、赤眼蜂等天敌进行防治。可选用苏云金芽孢杆菌、鱼藤酮、乙基多杀菌素等生物农药进行叶面喷施，喷匀、喷透，不留死角。

4. 化学防治

使用敌敌畏烟剂于傍晚闭棚时熏杀成虫。还可选用虫螨腈·虱螨脲、甲氧·茚虫威、甲维·茚虫威、乙基多杀菌素、乙多·甲氧虫、甲维·虱螨脲等药剂进行叶面喷施。喷药时间选择上午9点之前，下午5点以后。喷药时做好安全防护，严格执行安全间隔期。注意轮换用药，防止产生耐药性。

第二十二章　番茄潜叶蛾防控技术

第二十二章　番茄潜叶蛾防控技术

第二十二章　番茄潜叶蛾防控技术

第二十二章　番茄潜叶蛾防控技术

第二十二章　番茄潜叶蛾防控技术

175

第四篇
运城市主要农作物科学施肥技术

第二十二章　常用肥料的特性和施用技术

一、氮肥

（一）尿素

尿素［CO（NH₂）₂］，学名碳酰胺，含氮量在44%~46%，缩二脲含量应≤0.9%~1.5%。目前是我国固体氮肥中含氮量最高的肥料，理化性质比较稳定，纯品为白色或略带黄色的结晶体或小颗粒，内加防湿剂，吸湿性较小，易溶于水，为中性氮肥。尿素养分含量较高，适用于各种土壤和多种作物，最适合作追肥，特别是根外追肥效果好。

尿素施入土壤，只有在转化成碳酸氢铵后才能被作物大量吸收利用。由于存在转化的过程，因此肥效较慢，一般要提前4~6天施用。同时还要深施覆土，施后也不要立即灌水，以防氮素淋至深层，降低肥效。使用尿素应注意以下几个问题。

1）一般不直接作种肥。因为尿素中含有少量的缩二脲，一般低于2%，缩二脲对种子的发芽和生长均有害。如果不得已作种肥时，可将种子和尿素分开下地，切不可用尿素浸种或拌种。

2）当缩二脲含量高于0.5%时，不可用作根外追肥。

3）尿素转化成碳酸氢铵后，在石灰性土壤上易分解挥发，造成氮素损失，因此，要深施覆土。

（二）硫酸铵

硫酸铵又称硫铵，是最早生产和使用的一种氮肥。通常当作标准氮肥，含氮量在20%~21%。纯品硫酸铵为白色结晶体，吸湿性小，不易结块，容易保存，易溶于水。硫酸铵为生理酸性速效氮肥，适用于水稻、果树、蔬菜等作物。对于土壤而言，硫酸铵最适于中性土壤和碱性土壤，而不适于酸性土壤。硫酸铵的施用方法有以下几种。

1. 作基肥

硫酸铵作基肥时要深施覆土，以利于作物吸收。

2. 作追肥

这是最适宜的施用方法。根据不同土壤类型确定硫酸铵的追肥用量。对保水保肥性能差的土壤，要分期追施，每次用量不宜过多；对保水保肥性能好的土壤，每次用量可适当多些。土壤水分多少也对肥效有较大的影响，特别是旱地，施用硫酸铵时一定要注意及时浇水。至于水田作追肥时，则应先排水落干，并且要注意结合耕耙同时施用。此外，不同作物施用硫酸铵时也存在明显的差异，如用于果树时，可开沟条施、环施或穴施。

3. 较适于作种肥

因为硫酸铵对种子发芽无不良影响。硫酸铵施用时需注意以下问题。

1）不能将硫酸铵肥料与其他碱性肥料或碱性物质接触或混合施用，以防降低肥效。

2）不宜在同一块耕地上长期施用硫酸铵，否则土壤会变酸造成板结。如确需施用时，可适量配合施用一些石灰或有机肥。但必须注意硫酸铵和石灰不能混施，以防止硫酸铵分解，造成氮素损失。一般两者的配合施用要相隔3～5天。

3）硫酸铵不适于在酸性土壤上施用。

（三）氯化铵

氯化铵又称为氯铵，是纯碱联合生产副产物，含氮量在24%～25%。纯品氯化铵为白色或略带黄色的方形或八面体的小结晶，从表面上看与食盐非常相似。氯化铵的吸湿性比硫酸铵大，比硝酸铵小。这种肥料不易结块，但易溶于水，为生理酸性速效氮肥，主要适用于粮食作物、油菜等。此外，还较适用于酸性土壤和石灰性土壤。氯化铵的施用方法主要有以下几种。

1. 作基肥

氯化铵作基肥施用后，最好及时浇水，以便将肥料中的氯离子淋洗至土壤下层，减小对作物的不利影响。亚热带多雨地区用少量作基肥不可浇水。

2. 作追肥

氯化铵最适用于作水稻的追肥。它要比同等氮量的硫酸铵效果好。但氯化铵作追肥时要掌握少量多次的原则。

3. 不宜作秧田肥

因为氯化铵在土壤中会生成水溶性氯化物，影响种子的发芽和幼苗的生长。

氯化铵施用中应注意以下几个问题。

1）不宜用于烟草、甘蔗、甜菜、茶树、马铃薯等对氯敏感的作物。西瓜、葡萄等也不宜长期使用。

2）不能用于排水不利的盐碱地上，以防加重土壤盐害。

3）氯化铵最适用于水田，而不适用于干旱少雨的地区。

（四）碳酸氢铵

碳酸氢铵简称碳铵，又称重碳酸铵，含氮量在17%左右。纯品为白色粉末状结晶体，工业用品略发灰白色，并有氨味。碳酸氢铵一般含水量5%左右，易潮解，易结块。温度在20℃以下还比较稳定，温度稍高或产品中水分超过一定的标准，碳酸氢铵就会分解为氨气和二氧化碳，气体逸散在空气中，造成氮素的肥效损失。碳酸氢铵是固体氮肥中含氮量最低的一个品种。碳酸氢铵适用于各种作物和各类土壤，既可作基肥，又可作追肥。碳酸氢铵作基肥时，可沟施或穴施。若能结合耕地深施，效果会更好。但需注意，施用深度要大于6厘米（沙质土壤可更深些），而且施后要立即覆土，只有这样才能减少氮素的损失。碳酸氢铵作追肥时，旱田可结合中耕，要深施6厘米以下，并立即覆土，还要及时浇水。水田要保持3厘米左右的浅水层，但不要过浅，否则容易伤根，施后要及时进行耕耙。这样做的目的是促使肥料被土壤很好地吸收。碳酸氢铵做追肥时，要切记不要在刚下雨后或者在露水还未干前撒施，以防氨挥发，造成氮素损失或熏伤作物。

碳酸氢铵施用中应注意以下几个问题。

1）不能将碳酸氢铵与碱性肥料混合施用，以便防止氨挥发，造成氮素损失。

2）土壤干旱或墒情不足时，不宜施用碳酸氢铵。

3）施用时勿与作物种子、根、茎、叶接触，以免灼伤植物。

4）不宜作种肥，否则可能影响种子发芽。

（五）硝酸铵

硝酸铵（NH_4NO_3）又称硝铵，属硝铵态氮肥，含氮量在32%～34%。从氮素的营养角度看，供应旱田作物作追肥，硝酸铵是最理想的一类氮肥。其纯品为白色或淡黄色的球形颗粒状或结晶细粒状，铵态氮和硝态氮各占一半，是一种无杂质肥料。其中细粉状硝酸铵吸湿性强且较易结块。颗粒状硝酸铵的吸湿性小，不易结块。但两种状态的硝酸铵均易溶于水，为生理中性速效性氮肥。它适用于各类土壤和各种作物。

硝酸铵不宜作基肥，因为硝酸铵施入土壤后，解离成的硝酸根离子容易随水分流失。同时，硝酸铵也不宜作种肥，因其养分含量较高，吸湿性强，与种子接触会影响发芽。

水田施用硝酸铵，氮素易流失，肥效不如等氮量的其他氮肥，只相当于等氮量硫酸铵的50%～70%。最为理想的用途是作追肥，而且最适用于旱田的追肥，亩用量可根据地力和产量指标来定。使用应注意以下几点。

1）不能与酸性肥料（如过磷酸钙）和碱性肥料（如草木灰）混合施用，以防降低肥效。

2）在施用时如遇结块，应轻轻地用木棍碾碎，不可猛砸，以防爆炸。

3）密封包装，保存时注意防潮、防高温，避开易燃物和氧化剂。

（六）硝酸钠

硝酸钠（$NaNO_3$）外观为白色或浅灰色、棕黄色结晶。含氮（N）15%～16%，含钠（Na）26%，非常易溶于水，且吸湿性很强，容易结成硬块。结成硬块的硝酸钠，在施用前应用木棒轻缓碾碎，切不可用铁器猛烈击打，否则会发生爆炸，造成伤亡事故和不必要的损失。

硝酸钠比较适用于中性或酸性土壤，而不适用于盐碱化土壤。对于作物而言，常应用于甜菜，其施用方法如下。一是最适宜用作追肥。硝酸钠施入土壤后，能迅速溶解，解离成钠离子和硝酸根离子，硝酸根离子可被作物吸收利用。但应以少量分次施用为原则，以避免硝态氮的淋失。二是在干旱地区可作基肥，但要深施，最好与腐熟的有机肥混合施用，这样效果会更好。三是长期施用应把硝酸钠与有机肥或钙质肥（如过磷酸钙）配合起来一同施用，避免土壤板结。施用硝酸钠时应注意以下几点。

1）水田和盐碱地不宜施用。

2）南方茶园也不宜施用，因茶树适于酸性土壤，硝酸钠是生理碱性肥料，加之南方多雨，容易淋失。

（七）硝酸钙

硝酸钙［$Ca(NO_3)_2 \cdot 4H_2O$］通常由石灰石和硝酸中和而得，也可以是硝酸磷肥生产物的一种副产品，含氮13%~15%，为固体氮肥中含氮量最低的品种。

硝酸钙的外观为白色或略带其他颜色的细小晶体，吸湿性较强，容易结块，易溶于水，水溶液呈酸性反应，溶解度受温度影响极小，为生理碱性肥料。它含有丰富的钙离子，连年施用不仅不会使土壤的物理性质变坏，还能改善土壤的物理性质。

硝酸钙最适宜施用于甜菜、马铃薯、大麦、麻类等作物，而且广泛适用于各类土壤，特别是在缺钙的酸性土壤上施用硝酸钙，其效果会更好。

硝酸钙的施用方法主要有以下几种。

1）较宜作旱田的追肥。但需要注意，硝酸钙的肥料养分较易流失，可少量分次施用，且一般不要在雨前施用。

2）作基肥时可与腐熟的有机肥料、磷肥（过磷酸钙）、钾肥配合施用，这样可以明显地提高肥效。但不宜单独与过磷酸钙混合，以防降低磷肥肥效。

3）由于硝酸钙含氮量较低，使用时的用量要比其他氮肥的用量多一些。施用硝酸钙时主要注意以下几个问题：一是水田不宜施用，因为硝酸钙属于硝态氮，易随水淋失；二是不能与新鲜的厩肥、堆肥混用，因为肥料发酵过程中生成的有机酸，会使硝酸钙分解为硝酸，造成肥料养分损失。

二、磷肥

（一）过磷酸钙

过磷酸钙也叫普通过磷酸钙，简称普钙。它是世界上最早生产的一种磷肥，也是我国应用比较普遍的一种磷肥。过磷酸钙的有效磷含量差异较大，一般在12%～18%。纯品过磷酸钙为深灰色或灰白色粉末，稍有酸味，易吸湿、易结块，有腐蚀性。溶于水（不溶部分为石膏）后，为酸性速效磷肥。

过磷酸钙适用于各种作物和多种土壤。可将它施在中性、石灰性缺磷土壤，以防止固定。它既可以作基肥、追肥，又可以作种肥和根外追肥。过磷酸钙作基肥时，对缺少速效磷的土壤，每亩施用量可在50千克左右，耕地之前均匀撒上一半，结合耕地作基肥。播种前，再均匀撒上另一半，结合整地浅施入土，做到分层施磷。这样，过磷酸钙的肥料效果就比较好，其有效成分的利用率也高。如有机肥混合作基肥时，过磷酸钙的每亩施用量应在20～25千克。也可采用沟施、穴施等集中施用方法。

过磷酸钙作追肥时，每亩的用量可控制在20～30千克，需要注意的是，一定要早施、深施，施到根系密集土层处。否则，过磷酸钙的效果就会不佳。若作种肥，过磷酸钙每亩用量应控制在10千克左右。过磷酸钙施用中应注意以下几个问题。

1）不能与碱性肥料混合施用，以防酸碱中和降低肥效。

2）主要用在缺磷的地块，以利于发挥磷肥的增产潜力。

3）施用过磷酸钙时一定要适量，如连年大量施用过磷酸钙，则会降低磷肥的效果。

4）施用时过磷酸钙要碾碎过筛，否则会影响均匀度并会影响磷肥的效果。

（二）重过磷酸钙

重过磷酸钙又称三料、重钙。有效磷的含量在42%～50%。通常重过磷酸钙为浅灰色的颗粒或粉末，带有酸味，理化性质与普钙相似，易吸湿、结块，有腐蚀性，易溶于水，为酸性速效磷肥。适用于各种作物和各类土壤，施用方法与过磷酸钙相同。由于重钙含磷量比较高，因而它的施用量比过磷酸钙要少。重过磷酸钙中不含有硫成分，对喜硫作物如马铃薯、豆科及十字花科作物的施用效果不及过磷酸钙。需要注意的是，重过磷酸钙不宜用来蘸秧根和拌种，对于酸性土壤施用前几天最好普施一次石灰。重过磷酸钙施用中应注意的问题与过磷酸钙相同。

第十二章　常用肥料的特性和施用技术

三、钾肥

（一）氯化钾

氯化钾纯品为白色、淡黄色、砖红色的结晶体。钾含量通常在50%左右。这种肥料有较强的吸湿性，易溶于水，在水中的溶解度随着温度的升高而不断增大。

氯化钾呈现化学中性、生理酸性，为速效性钾肥。这种肥料最适宜用于缺钾土壤及水稻、小麦、棉花、玉米、高粱等大田作物；同时也比较适宜在中性石灰性缺钾土壤上施用。

氯化钾的使用主要有以下方法。

1）不宜在对氯敏感的作物上施用，如烟草、甜菜、甘蔗、马铃薯、葡萄等。

2）可作基肥、追肥，但不宜作种肥。因为氯化钾肥料中含有大量的氯离子，会影响种子的发芽和幼苗的生长。当用作基肥时，通常要在播种前10～15天，结合耕地将氯化钾施入土壤中。这样做，主要是为把氯离子从土壤中淋洗掉。当把氯化钾用作追肥时，一般要求在苗长大后再追施。

3）用量问题。掌握钾肥经济效益最大时的施用量。一般每亩的施用量控制在7.5～10千克。对于保肥、保水能力比较差的沙性土，则要遵循少量多次施用的原则。

4）氯化钾无论用作基肥还是用作追肥，都应提早施用，以利于通过雨水或用灌溉水，将氯离子淋洗至土壤下层，清除或减轻氯离子对作物的危害。

氯化钾施用中的注意事项。

1）氯化钾与氮肥、磷肥配合施用，可以更好地发挥其肥效。

2）透水性差的盐碱地不宜施用氯化钾，否则会增加对土壤的盐害。

3）沙性土壤施用氯化钾时，要配合施用有机肥。

4）酸性土壤一般不宜施用氯化钾，如要施用，可配合施用石灰和有机肥。

（二）硫酸钾

硫酸钾是白色或带灰黄色的结晶体，钾含量一般在50%左右。易溶于水，溶解度随温度的上升而增大。吸湿性较低，不易结块，最适合于配制混合肥料。硫酸钾适用于各种作物，特别是对氯敏感的作物。

其具体使用方法主要如下。

（1）可用作基肥　旱田用硫酸钾作基肥时，一定要深施覆土，以减少钾的晶体固定，并利用作物根系吸收，提高利用率。

（2）可用作追肥　由于钾在土壤中移动性较小，应集中条施或穴施到根系较密集的土层，以促进吸收。沙性土壤常缺钾，宜作追肥以免淋失。

（3）可用作种肥和根外追肥　作种肥亩用量1.5～2.5千克，也可配制成2%～3%的溶液，作根外追肥。

用硫酸钾主要应注意以下3个问题。

1）对于水田等还原性较强的土壤，硫酸钾不及氯化钾，主要缺点是易产生硫化氢毒害。酸性土壤宜配合施用石灰。

2）硫酸钾价格比较贵，在一般情况下，除对氯敏感的作物外，能用氯化钾的就不要用硫酸钾。

3）对十字花科作物和大蒜等需硫较多的作物，效果较好，应优先调配使用。

四、微量元素肥料

（一）锌肥

目前常用的锌肥品种为农用硫酸锌。施用方法有基施、追施、叶面喷施、浸种、拌种等。难溶性锌肥只宜作基肥。锌肥最好与有机肥料或生理酸性肥料混匀后施用。但不能和磷肥混合。玉米缺锌主要发生在石灰性土壤上，还有过量施用磷肥、新开垦的梯田、贫瘠沙岩土地也易缺锌。土壤有效锌含量低于0.5毫克/千克，可作为土壤缺锌的临界指标。

对缺锌敏感的作物有玉米，玉米用0.02%～0.05%的硫酸锌溶液浸种或用0.2%硫酸锌溶液在苗期至拔节期连续喷施两次，亩施50～70千克，可防治玉米"花白苗"。

（二）硼肥

硼肥品种有硼砂和硼酸，常用的为硼砂。其可作基肥、追肥、种肥，常以叶面喷施为主。对硼敏感的作物主要为豆科和十字花科作物（如油菜、花

生、大豆等），其次为甜菜、果树、甘蔗、蔬菜和棉花等作物。施用硼肥对防治油菜的"花而不实"、果树的"落花、落果"等症状均有明显作用。用0.1%～0.2%的硼砂或硼酸溶液，每亩喷施50千克左右，喷施2～3次，油菜以幼苗后期、抽薹期、初花期喷施，果树在蕾期花期、幼果期喷施。

（三）钼肥

常用的钼肥品种有钼酸铵、钼酸钠，使用最多的为钼酸铵，钼肥可作基肥、追肥、种肥或根外追肥，钼肥和磷肥配合施用效果较好。种子处理是钼肥最常用的施肥方法。

钼肥是我国研究和应用最早的一种微量元素肥料，广泛应用于豆科作物（大豆、花生）、豆科绿肥作物、十字花科作物和甜菜等。对促进豆科作物根瘤的产生，提高固氮能力具有良好的作用。

（四）锰肥

常用锰肥品种有硫酸锰、锰矿粉。硫酸锰为粉红色结晶，含锰24%～28%，易溶于水，可作基肥、追肥、种肥或根外追肥，难溶性锰肥只宜作基肥施用。叶面喷施，在花期可施一次0.05%～0.1%的硫酸锰液体，亩施50～75千克。锰矿粉难溶于水，只能作基肥，亩施10千克左右，撒施土表，随翻耕入土。

土壤中有效锰的丰缺指标以小于5.0毫克/千克为临界值。对锰较敏感的作物有麦类、水稻、玉米、马铃薯、甘薯、甜菜、豆类、花生、烟草、油菜和果树等。作物施用锰肥对种子发芽、苗期生长及生殖器官的形成，促进根、茎的发育等都有良好作用。

（五）铁肥

常用的铁肥品种为硫酸亚铁、硫酸亚铁铵即螯合态铁，可基施或叶面喷施。基施时，硫酸亚铁施到土壤后有一部分很快被氧化成不溶态高价铁而失效，为避免硫酸亚铁被土壤固定，可以用5～10千克硫酸亚铁与200千克有机肥混匀，集中施于树根下，能较好地克服果树缺铁失绿症。另外，还可以增大硫酸亚铁的用量，促使土壤向局部酸化，以提高水溶铁的含量，喷施可直接避免土壤对铁的固定。对于果树，还可用固体或液体硫酸亚铁塞入或注入树干。

土壤中铁的含量相当高，一般为3%左右，但土壤中主要以高价铁形式存在，不溶解，很难被作物吸收，在旱地、碱性土壤和通气性强的土壤中易缺铁，而长期处于淹水条件下的稻田，铁被还原成溶解度很大的亚铁，一般不缺乏，同时由于亚铁离子过多，造成稻根亚铁离子中毒，形成"锈根"，根系变黑或腐烂。一般在土壤中有效铁以小于2.5毫克/千克为缺铁临界值。

对铁敏感的作物有高粱、蚕豆、花生、大豆（尤其是黑豆）、玉米、甜菜、马铃薯、某些蔬菜和果树。多年生的果树如桃、柑橘等比一年生作物容易发生缺铁症。铁是作物光合作用必不可少的元素，缺铁叶绿素不能形成。铁肥对防治果树的失绿症有明显效果。

（六）叶面肥施用注意事项

要看清说明书上的要求。喷施叶面肥时要注意天气、温度和湿度，应尽量让肥液有较长的时间附着在叶面上，供作物充分吸收。应选择在不刮风天气、日照弱、温度较低时喷，一般在上午9点以前，下午4点以后，水分蒸发减弱，有利于作物吸收。空气湿度大的时候，叶面肥喷了以后不容易干，作物吸收得好，但下雨之前不要喷，以免喷施后被雨水冲洗掉。

五、中量元素肥料

（一）硫肥

硫肥主要有石膏和硫黄。硫肥可以改良碱土，能增加和改善作物营养条件。一般土壤施用石膏也有增产效果，其用量因不同土壤和作物而异。硫黄用量用作改良碱土可多些，而一般土壤少则每亩0.5～1千克，多则每亩3.5～4千克，不宜过多。硫黄主要含硫，必须配合氮、磷、钾及其他肥料施用，才能发挥其增产作用。

（二）镁肥

常用的镁肥含镁量为：钙镁磷肥8%～20%，硫酸镁10%，氯化镁25%，白云石粉11%～13%。酸性土壤以施用钙镁磷肥和白云石粉为宜，碱性土壤以施用氯化镁或硫酸镁为宜。可用作基肥或追肥，每亩施1～1.5千克。柑橘

第二十二章

常用肥料的特性和施用技术

等果树，每株施硫酸镁0.5千克。硫酸镁属于水溶性镁肥，可作根外追肥，喷施浓度为1%～2%，亩喷施溶液50千克左右。当土壤交换性镁（Mg^{2+}）含量低于50毫克/千克时，施用镁肥增产效果明显；钾素丰富的土壤和长期大量施用钾素的地区，以及酸性土壤施用石灰都易诱发土壤生理性缺镁。果树等经济作物对镁肥较为敏感，需量较大，水稻对镁的需要量小于甘蔗、马铃薯、柑橘等作物。

六、复合肥料

（一）磷酸二氢钾

磷酸二氢钾（KH_2PO_4）含有效成分磷约52%，含钾约34%。其纯品呈现为白色或灰白色结晶体，吸湿性小，易溶于水，为高浓度速效磷钾复合肥。由于这种肥料的价格比较昂贵，目前多用于作物根外追肥，特别是用于果树、蔬菜。一般小麦在拔节期至孕穗期，棉花在开花期前后，可用0.1%～0.29%的磷酸二氢钾溶液喷施2～3次，每隔5～7天喷1次，通常都会取得良好的效果。

磷酸二氢钾也可用作种肥，但需在播种前将种子在浓度为0.2%的磷酸二氢钾水溶液中浸泡18～20小时，捞出晾干，即可作为种肥在作物播种时施用。

使用磷酸二氢钾一般要注意，磷酸二氢钾用于追肥，通常是采用叶面喷施的办法进行。叶面喷施是一种辅助性的施肥措施，它必须在作物前期施足基肥，中期用好追肥的基础上，抓住关键，及时喷施，才能收到较好的效果。

（二）磷酸一铵

磷酸一铵又称磷酸铵，主产地在俄罗斯，目前我国应用普遍，是一种以含磷为主的高浓度速效氮磷复合肥。含磷量60%左右，含氮量12%左右。外观为灰白色或淡黄颗粒。不易吸湿，不易结块，易溶于水。其化学性质呈酸性，适用于各种作物和各类土壤，特别是在碱性土壤和缺磷较严重的地方，增产效果十分明显。

磷酸一铵的施用方法和使用中应注意的一些问题，与磷酸二铵基本相同，详见磷酸二铵。

（三）磷酸二铵

磷酸二铵〔$(NH_4)_2HPO_4$〕，简称二铵。纯品为白色结晶体，吸湿性小，稍结块，易溶于水。制成颗粒状产品后，不易吸湿，不易结块。总有效成分64%，其中含氮18%，含磷46%，化学性质呈碱性，是以磷为主的高浓度速效氮、磷复合肥。

磷酸二铵的主产区在美洲，特别是美国。目前在我国的应用比较普遍，因为它不仅适用于各种类型的作物，而且适宜于各种类型的土壤条件。磷酸二铵的具体施用方法如下。

（1）最适合作基肥　一般亩用量在15～25千克。对于高产作物而言，还可适当提高每亩的用量。通常在整地前结合耕地，将肥料施入土壤。也可在播种后，开沟施入。

（2）可以作种肥　磷酸二铵作种肥时，通常是在播种时将种子与肥料分别播入土壤，每亩用量一般控制在2.5～5千克。

使用磷酸二铵时应注意以下问题。

1）不能将磷酸二铵与碱性肥料混合施用，否则会造成氮的挥发，同时还会降低磷的肥效。

2）已经施用过磷酸二铵的作物，在生长的中、后期，一般只补适量的氮肥，不再需要补施磷肥。

3）除豆科作物外，大多数作物直接施用时需配施氮肥，调整氮磷比。

（四）硝酸磷肥

硝酸分解磷矿制得的氮磷复合肥料。硝酸磷肥是二元复合肥，代表产品的养分含量有20-20-0、28-14-0、26-13-0、6-23-0。主要成分是硝酸铵、硝酸钙、磷酸一铵、磷酸二铵、磷酸一钙、磷酸二钙。硝酸磷肥中的氮肥一半为铵态氮，另一半为硝态氮。宜在旱地施用，水田施用易引起硝态氮的损失。在严重缺磷的石灰性土壤应选用高水溶率（P_2O_5水溶率≥50%）的硝酸磷肥。硝酸磷肥宜作基肥或种肥，集中施用效果更好。

（五）硝酸钾

硝酸钾（KNO_3）是一种无氯的低氮高钾二元复合肥料，含氮13%，含钾44%。硝酸钾是无色晶体，通常为白色细粒，其物理性状好，易溶于水，

吸湿性小，贮存时不易结块。硝酸钾与易燃物接触，遇高温易引起燃烧，贮运时应注意。硝酸钾特别适合在烟草、甜菜、马铃薯、瓜果等喜钾作物上施用，因其含有的氮素全部是硝态氮，故不宜在水稻上施用。

第二十三章　冬小麦科学施肥技术

一、施肥原则

受2021年秋汛影响，运城市冬小麦播期普遍延后，加之部分麦田抢时播种，播前整地质量较差，导致越冬期群体偏小、个体偏弱，三类苗占比较高。针对多年来冬小麦施肥过程中存在的问题和当前的苗情提出以下施肥原则及意见：大力提倡秸秆还田，增施有机肥或生物有机肥，创新推广旱地麦田应用缓释型复合肥，调优土壤理化性状，实现节本保墒减肥增产提质；合理调整化肥施用比例，高产田及强筋麦田适量增氮、控磷、补钾和增施微量元素肥料，中、低产田及中筋麦田要稳氮、稳磷，针对性补施钾肥和微肥；推广化肥深施技术，通过种肥同播技术和机械追肥技术实现化肥深施，提高肥料利用率，从而达到科学减量的施肥目的；根据土壤墒情和保水、保肥能力，合理确定灌水时间和用量，做到肥、水管理相结合，大力推广水肥一体化技术；结合今年苗情和墒情，整体建议春浇后移，弱苗田在返青期和拔节后期分两次追肥。

二、施肥建议

加大秋季作物秸秆还田和深松耕力度，推广商品有机肥+配方肥+秸秆粉碎还田+深松耕技术模式，逐步改善长期重施化肥和缺少深松耕导致土壤板结和犁底层变浅等现象，改善土壤理化性状，达到减肥提质增效的目的。

1. 水浇地

施肥量如下。

①产量水平500千克/亩以上，亩施氮量（N）14~18千克，磷量（P_2O_5）8~11千克，钾量（K_2O）4~5千克。

②产量水平400～500千克/亩，亩施氮量（N）12～14千克，磷量（P$_2$O$_5$）7～8.5千克，钾量（K$_2$O）3～4千克。

③产量水平300～400千克/亩，亩施氮量（N）10～12千克，磷量（P$_2$O$_5$）6～7千克，钾量（K$_2$O）2～3千克。

④产量水平200～300千克/亩，亩施氮量（N）8～10千克，磷量（P$_2$O$_5$）5～6千克，钾量（K$_2$O）0～2千克。

⑤产量水平200千克/亩以下，亩施氮量（N）5～8千克，磷量（P$_2$O$_5$）4～5千克。此外，夏玉米秸秆还田地块在翻压时每亩应增施3～5千克纯氮，促进秸秆腐解。

施肥方法如下。

①深施肥：基、追肥施用深度分别达到20～25厘米和5～10厘米。

②巧追肥：有机肥、磷、钾、锌或锰肥等一般均作底肥，氮肥60%～80%底施、20%～40%追施。对返青前亩总茎数小于45万的三类麦田，春季追肥分两次进行，第一次在返青期追施总追氮量的1/3，第二次在拔节期随浇水追施总追氮量的2/3；对返青前亩总茎数45万～60万的二类麦田，结合起身期浇水追施总追氮量的全部；对返青前亩总茎数60万～80万的一类麦田应氮肥后移，在拔节期随浇水一次追肥；对返青前亩总茎数大于80万的旺长苗，应减施氮肥控制群体，在拔节期适量追肥。

③勤喷肥：在拔节到孕穗期喷施1～2次0.2%的硫酸锌或硫酸锰，抽穗到乳熟期连续喷施2～3次0.2%～0.3%的磷酸二氢钾溶液，有脱肥早衰现象的可加入2%的尿素混合喷施。

基肥配方推荐：25-10-5（N-P$_2$O$_5$-K$_2$O）或相近配方，施用量参照以上施肥建议进行折算。

2. 旱地

施肥量如下。

①产量水平300千克/亩以上，亩施氮量（N）8～12千克，磷量（P$_2$O$_5$）9～13千克，钾量（K$_2$O）0～2千克。

②产量水平200～300千克/亩，亩施氮量（N）7～8.5千克，磷量（P$_2$O$_5$）8～9千克。

③产量水平100～200千克/亩，亩施氮量（N）5.5～7千克，磷量（P$_2$O$_5$）6～8千克。

④产量水平100千克/亩以下，亩施氮量（N）4～5.5千克，磷量（P_2O_5）4～6千克。对旱地地膜覆盖麦田，要结合耕地质量水平和目标产量相应加大施肥量。

施肥方法：采用种肥同播技术，所有肥料做底肥一次施入。

基肥配方推荐：加大缓释肥料应用比例。应用25-15-0（N-P_2O_5-K_2O）或相近配方，施用量参照以上施肥建议进行折算。

第二十四章　玉米科学施肥技术

一、施肥原则

针对玉米生产中存在的有机肥施用量较少，氮肥一次性施用量较大，施肥方法不当，忽视微肥施用等问题，提出以下施肥原则。

①加大秸秆还田力度。

②氮肥分次施用，适当降低基肥比例和调减氮肥用量。

③高产和缺锌地块增施锌肥。

④依据土壤钾素状况，高效施用钾肥。

⑤肥料施用与高产优质栽培技术相结合。

二、施肥建议

推广配方肥+秸秆粉碎还田+深松耕技术+社会化服务模式，逐步改善长期重施化肥和缺少深松耕导致土壤板结和犁底层变浅等现象。

（一）春玉米

施肥量如下。

①产量水平800千克/亩以上，亩施氮量（N）17~20千克，磷量（P_2O_5）8.5~10.5千克，钾量（K_2O）7.5~10千克。

②产量水平700~800千克/亩，亩施氮量（N）15~17千克，磷量（P_2O_5）7.5~8.5千克，钾量（K_2O）6~8千克。

③产量水平600~700千克/亩，亩施氮量（N）13~15千克，磷量（P_2O_5）6.5~8千克，钾量（K_2O）5~6千克。

④产量水平500~600千克/亩，亩施氮量（N）11~13千克，磷量（P_2O_5）5~6.5千克，钾量（K_2O）4~5千克。

⑤产量水平400～500千克/亩，亩施氮量（N）10～12千克，磷量（P₂O₅）5～6千克，钾量（K₂O）3～4千克。

⑥产量水平400千克/亩以下，亩施氮量（N）8～10千克，磷量（P₂O₅）4～5千克，钾量（K₂O）0～3千克。

施肥方法：农家肥、磷、钾肥和1/3氮肥作基肥施入。追肥采用前轻中重后补的方式，即在拔节前施入追肥的1/3，大喇叭口期施入追肥的2/3。在抽雄至开花期可采取根外喷肥方法，用1%的尿素溶液或0.08%～0.1%磷酸二氢钾溶液，于晴天下午4时后进行叶面喷施。玉米是对锌敏感作物，对缺锌及高产地块，可亩基施1～2千克硫酸锌，或每千克种子用2～3克硫酸锌进行拌种，也可在苗期至拔节期用0.05%～0.1%硫酸锌溶液连喷2～3次。

（二）夏玉米

施肥量如下。

①产量水平600千克/亩以上，亩施氮量（N）18～20千克，磷量（P₂O₅）6～8千克，钾量（K₂O）4～5千克。

②产量水平500～600千克/亩，亩施氮量（N）16～18千克，磷量（P₂O₅）6～7千克，钾量（K₂O）3～4千克。

③产量水平400～500千克/亩，亩施氮量（N）14～16千克，磷量（P₂O₅）4～6千克，钾量（K₂O）2～3千克。

④产量水平400千克/亩以下，亩施氮量（N）12～14千克，磷量（P₂O₅）3～5千克，钾量（K₂O）0～2千克。

施肥方法：氮肥总量的1/3和全部磷、钾肥作基肥或苗期作追肥施用，其余2/3氮肥在大喇叭口期追肥。磷肥后效较长，如果前茬冬小麦多施了，可以适当减少用量甚至不施磷肥。肥料品种最好选用磷酸二铵、尿素、硫酸钾等，也可选用配方肥或复混肥。在距植株7厘米左右穴施，深度7～10厘米。遇干旱后及时浇水。积极推广前茬作物秸秆腐熟剂还田技术。另外，灌浆期可用1%的尿素溶液或0.08%～0.1%的磷酸二氢钾溶液，于晴天下午4时以后进行叶面喷施。玉米是对锌敏感作物，对缺锌及高产地块，每千克种子用2～3克硫酸锌进行拌种，也可在苗期至拔节期用0.05%～0.1%硫酸锌溶液连喷2～3次。

基肥或苗期追肥配方推荐：22-9-9（N-P₂O₅-K₂O）或相近配方，施用量参照以上施肥建议进行折算。

第二十四章 玉米科学施肥技术

第二十五章 果树科学施肥技术

建议在果园推广应用商品有机肥+水溶肥（或功能性中微量元素肥、腐植酸水溶肥）+社会化服务托管技术模式。商品有机肥用量=农家肥用量（有机肥）×换算系数（0.11～0.13）。

一、苹果

（一）施肥原则

针对目前果园有机肥施用量不足，化肥"三要素"施用配比不当，大量元素肥料投入过量，中微量元素肥料用量不科学，施用方法不当等问题，提出以下施肥原则。

①春季底肥要结合灌溉尽量前移，并适当增加氮肥用量，以补充去年冬季温度偏高带来的养分过快流失。

②大力推广应用有机肥或生物有机肥，做到有机无机肥配合施用，并积极示范有机肥替代部分化肥，从而减少化肥使用量。

③依据土壤肥力和产量水平适当调整化肥三要素的配比，注意配施钙、铁、硼、锌等微量元素。

④尝试利用复合微生物肥料和叶面肥喷施，以达到提高肥料利用率，减少化肥施用量的目的。

⑤掌握科学施肥方法，根据树势和树龄分期施用氮磷钾肥料，并注意正确的施肥方式，如底肥采用开沟深施覆土法，追肥采用叶面喷施或者水肥一体化技术。

（二）施肥建议

推荐配方（$N-P_2O_5-K_2O$）：11-18-16、15-10-20、20-15-20等相近配方。

建议推广有机肥+缓释硫酸钾型复混肥+功能性水溶肥施肥模式或者软体集雨窖+微灌系统+智能水肥一体化技术模式（适宜旱源区果园）。

1. 施肥量

（1）有机肥施用量根据树龄来确定　1~3年生幼树，每年亩施量不少于3 000千克；4~7年生初果期树，每年亩施量不少于4 000千克；8年生以上盛果期树，每年亩施量不少于5 000千克。也可根据产量水平确定有机肥施用量，一般亩产1 000~2 000千克的果园，有机肥施用量要达到"斤果斤肥"的标准；亩产2 000~3 000千克的丰产园，有机肥的施用量要达到"斤果斤半肥"的标准；亩产4 000千克以上的高额丰产园，有机肥的施用量要达到"斤果二斤肥"的标准。

（2）化肥施用量根据树龄、树势强弱及产量水平来确定　一般幼龄果树主要以氮肥为主，适量增磷钾肥，施用配方肥一般在40~50千克/亩，适量增加氮肥；结果树以磷钾肥为主，稳氮增磷钾，施用配方肥70~110千克/亩。高产果园和土壤中、微量元素含量较低的果园要在合理施用大量元素肥料的同时，注意施用中、微量元素肥料，一般果园以喷施为主，高产园最好两年或三年每亩施用硫酸锌2~3千克、硼肥1~2千克、硝酸钙20~30千克。

2. 施肥方法

采用基肥、追肥、叶喷、涂干等相结合的全方位立体施肥方法。基肥以有机肥和适量配方肥为主，在果实采收前后的9月中旬到10月中旬施入；追肥主要在花前、花后和果实膨大期进行，前期以氮为主，中期以磷、钾肥为主，后期以钾为主；叶喷、涂干于6—8月进行。注意将肥料施在根系密集层，最好与灌水相结合。旱地果树施用化肥不能过于集中，以免根害。

二、桃树

（一）施肥原则

针对桃园用肥量差异大，氮磷钾配比、施肥时期和方法不合理，忽视施肥和灌溉协调等问题，提出以下施肥原则。

①增加有机肥或生物有机肥施用量，做到有机无机配合施用，并逐步提高有机肥的用量，从而起到提质增效的目的。

②依据土壤肥力状况、品种特性及产量水平，合理调控氮磷钾化肥的比

例，针对性配施硼和锌肥。

③桃树属于忌氯作物，施用钾肥或复合肥时，要防止施用含有氯化钾成分的肥料。

（二）施肥建议

推荐配方（N-P$_2$O$_5$-K$_2$O）：20-10-20或相近配方。

1. 施肥量

（1）有机肥施用综合考虑树体生长与改良土壤的双重需要 用量按每生产50千克果实施用有机肥100～150千克的标准，即亩产量1 500千克中产果园，有机肥的施用量不低于3 000千克。

（2）化肥施肥量根据树龄、树势强弱及产量水平来确定 针对桃树对钾需要量较高的特性，适当增加钾肥施用比例。氮肥施用量按每株每年纯氮0.25～0.45千克，幼树施用量采用低限，结果树按树龄每增加1年递增0.06千克，达到0.45千克后不再增施氮肥用量，氮、磷、钾肥按照（N：P$_2$O$_5$：K$_2$O）1：0.5：1计算。高产或土壤中微量元素含量较低的桃园要在合理施用大量元素肥料的同时，适当增施钙、硼肥。

2. 施肥方法

有机肥的全部、配方肥的40%作基肥于秋季施用，采用放射状或环状沟施方法；其余配方肥按生育期养分需求分2～3次在桃树萌芽期、硬核期和果实膨大期追施。对上年早期落叶或负载量过高的桃园，应加强根外追肥，萌芽前喷施2～3次1%～3%的尿素，萌芽后至7月中旬之前，每隔7天1次，按2次尿素与1次磷酸二氢钾（浓度为0.3%～0.5%）的比例喷施。

三、葡萄

（一）施肥原则

针对目前大多数葡萄产区施肥中存在的重氮磷肥，轻钾肥和钙肥，有机肥重视不够等问题，提出以下施肥原则。

①增施有机肥或生物有机肥，提倡有机无机相结合，并逐步提高有机肥的占比。

②依据土壤肥力条件和产量水平，适当增加钾肥用量。

③钙作为葡萄大量需要的元素，要及时补充钙肥，同时注意硼肥和铁肥的施用。

④幼树遵循"薄肥勤施"的原则进行施肥。

⑤进行根外追肥。

⑥肥料施用与高产优质栽培相结合。

（二）施肥建议

1. 施肥量

1）亩产2 000千克以上的高产果园，亩施农家肥3 000～5 000千克，氮量（N）29～35千克，磷量（P_2O_5）19～22千克，钾量（K_2O）25～30千克。

2）亩产1 000～2 000千克的中产果园，亩施农家肥2 500～3 000千克，氮量（N）15～29千克，磷量（P_2O_5）10～19千克，钾量（K_2O）13～25千克。

3）亩产500～1 000千克的低产果园，亩施农家肥1 500～2 500千克，氮量（N）8～15千克，磷量（P_2O_5）5～10千克，钾量（K_2O）6～13千克。

2. 施肥方法

基肥在采收后立即施入全部有机肥和化肥总量的40%～50%，采用沟施。每年追肥2～3次，第一次在花前，施入化肥总量10%；第二次在落花后，施入化肥总量20%～30%；第三次在果实着色初期，施入化肥总量10%～20%；追肥可以结合灌水或雨天直接施入植株根部土壤中，也可根外追肥。

第二十六章　蔬菜科学施肥技术

一、设施蔬菜

（一）施肥原则

针对设施蔬菜施肥存在的过量施肥，特别是氮、磷化肥用量偏高，造成土壤氮、磷养分积累明显；养分投入比例不合理，土壤硼、锌等元素供应存在障碍；过量灌溉导致养分损失严重，土壤盐渍化现象加重；连作障碍等导致土壤质量退化严重，养分吸收效率下降，蔬菜品质下降等问题，提出以下施肥原则。

①合理施用有机肥，提倡大量施用生物有机肥。

②根据产量、茬口及土壤肥力状况合理分配化肥，调减氮磷化肥用量，增施钾肥，针对性补施锌、硼等微量元素。

③与高产栽培技术结合，采用"少量多次"的原则，合理灌溉施肥。

④棚龄较大的温室采用秸秆还田或施用碳氮比高的有机肥，增施复合微生物肥，适当轮作，达到除盐和减轻连作障碍目的。

（二）施肥建议

1. 施肥量

1）产量水平8 000～10 000千克/亩，亩施氮量（N）27～34千克，磷量（P_2O_5）12～15千克，钾量（K_2O）32～36千克。

2）产量水平6 000～8 000千克/亩，亩施氮量（N）18～27千克，磷量（P_2O_5）9～14千克，钾量（K_2O）27～32千克。

3）产量水平4 000～6 000千克/亩，亩施氮量（N）14～18千克，磷量（P_2O_5）7～9千克，钾量（K_2O）18～23千克。

此外，亩基施腐熟有机肥5 000～7 000千克或鸡粪2 500～3 500千克。有机肥肥源不足的地方，提倡适当增施生物有机肥，一般亩用量400～600千克。每隔1～2年基施硫酸锌1千克/亩、硼肥0.5千克/亩，或在每茬生长期叶面喷施2～3次0.1%浓度的硼肥和锌肥。

2. 施肥方法

70%磷肥作基肥条（穴）施，剩余30%用于追施；20%～30%氮肥和钾肥基施，剩余70%～80%在中后期分3～10次随水追施，每次亩追氮不超过5～7千克。育苗肥增施腐熟有机肥或生物有机肥，补施磷肥，一般每10米^{2}苗床施腐熟禽粪60～100千克或生物有机肥5～7.5千克，普钙0.5～1千克，硫酸钾0.5千克，根据苗情喷施0.5%～0.1%尿素溶液1～2次。

二、露地蔬菜

（一）施肥原则

针对露地蔬菜不同田块有机肥施用量差异较大，盲目偏施氮肥，钾肥施量不足，施用时期和方式不合理；重大量元素轻中微量元素，影响产品品质；过量灌溉造成水肥浪费等，提出以下施肥原则。

1）提高农家肥或生物有机肥施用比例。

2）遵循控氮稳磷增钾，合理调控氮磷钾肥比例。

3）甘蓝在莲座期至结球后期适当补充钙、硼等中微量元素，防止"干烧心"等病害发生。

4）与节水灌溉技术相结合，充分发挥水肥耦合效应，提高肥料利用率。

（二）施肥建议

在腐熟有机肥每亩基施量不低于5 000千克的基础上，蔬菜产量水平6 500千克/亩以上，亩施氮量（N）22～28千克，磷量（P_2O_5）6～8千克，钾量（K_2O）25～32千克；产量水平5 500～6 500千克/亩，亩施氮量（N）16.5～22千克，磷量（P_2O_5）5.5～6.5千克，钾量（K_2O）21～25千克；产量水平4 500～5 500千克/亩，亩施氮量（N）13.5～16.5千克，磷量（P_2O_5）4.5～5.5千克，钾量（K_2O）18～21千克。对农家肥肥源不足的地方，可适当增施生物有机肥来替代，一般亩用量300～500千克。

对往年病害发生较重地块，注意控氮补钙，可叶面喷施0.3%～0.5% $CaCl_2$或0.25%～0.5%硝酸钙溶液2～3次；对于缺硼的地块，可基施硼肥0.5～1千克/亩或叶面喷施0.2%～0.3%的硼肥溶液2～3次。同时可结合喷药喷施2～3次0.5%的磷酸二氢钾，以提高蔬菜的商品率。

施肥方法：有机肥和磷肥全作基肥条施或穴施；氮、钾肥30%～40%基施，剩余60%～70%在中后期分两次追施。在基肥不足情况下，在苗期增施一次提苗肥，亩施氮1.2～1.6千克，促进幼苗生长。施肥时应重点偏施小苗、弱苗，促其形成壮苗。

第二十七章 化肥简易识别及购买注意事项

一、氮、磷、钾化肥的简易识别及相关质量标准有哪些?

国家对任何正规的化肥产品都有一定的质量标准规定,所有肥料生产企业都必须按照国家的相关质量标准进行生产。企业可以制定自己的企业标准。但其有效养分及相关指标必须等于或高于国家标准。只有了解化肥的质量标准,才能正确地分辨化肥的质量。

(一)氮素化肥的质量标准及识别

氮素化肥品种有碳酸氢铵、尿素、硝酸铵、氯化铵和硫酸铵。质量标准见表27-1。

表27-1 主要氮素化肥相关质量标准 （%）

品种	外观颜色	酸碱性	有害物质含量	产品等级					
				优等品		一等品		合格品	
				氮(N)≥	水分≤	氮(N)≥	水分≤	氮(N)≥	水分≤
碳酸氢铵（湿）	白色或浅灰色细结晶	弱酸性	—	17.2	3.0	17.1	3.5	16.8	5.0
碳酸氢铵（干）				—	—	—	—	17.5	0.5
尿素	半透明白色颗粒	中性	缩二脲含量0.9~1.5	46.3	0.5	46.3	0.5	46.0	1.0
硝酸铵	白色或浅黄色颗粒	弱酸性	—	34.4	0.6	34.0	1.0	34.0	1.5

（续表）

品种	外观颜色	酸碱性	有害物质含量	产品等级					
				优等品		一等品		合格品	
				氮（N）≥	水分≤	氮（N）≥	水分≤	氮（N）≥	水分≤
氯化铵（湿）	白色结晶体	弱酸性	钠含量1.2~1.8	—	—	23.5	6	22.5	8.0
氯化铵（干）			钠含量0.8~1.4	25.4	0.5	25.0	1.0	25.0	1.4
硫酸铵	白色或浅黄色结晶	弱酸性	—	21.0	0.2	21.0	0.3	20.5	1.0

（二）磷素化肥的质量标准及识别

品种有过磷酸钙、重过磷酸钙、钙镁磷肥和磷酸氢钙。质量标准见表27-2。

表27-2　磷素化肥相关质量标准　　　　　　　　　　　（%）

品种	外观颜色	酸碱性	产品等级					
			优等品		一等品		合格品	
			P_2O_5≥	水分≤	P_2O_5≥	水分≤	P_2O_5≥	水分≤
过磷酸钙	深灰色、灰白色或淡黄色疏松粉状	酸性	18.0	12.0	16.0	14.0	12.0~14.0	14.0~15.0
重过磷酸钙	灰色或白色颗粒、粉状	酸性	47.0	3.5	44.0	4.0	40.0	5.0
钙镁磷肥	灰白色、灰绿色、黄色或灰黑色粉末	酸性	18.0	0.5	15.0	0.5	12.0	0.5
磷酸氢钙	灰白色或灰黄色粉状结晶体	酸性	25.0	10.0	20.0	15.0	15.0	20.0

（三）钾素化肥的质量标准及识别

品种主要为氯化钾和硫酸钾。质量标准见表27-3。

表27-3　钾素化肥相关质量标准　　　　　　　　　　　　（％）

品种	外观颜色	酸碱性	产品等级					
			优等品		一等品		合格品	
			$K_2O \geq$	水分≤	$K_2O \geq$	水分≤	$K_2O \geq$	水分≤
氯化钾	白色或红色结晶体、粉状	中性	60.0	6.0	57.0	6.0	54.0	6.0
硫酸钾	白色或带颜色结晶体	中性	50.0	1.0	45.0	3.0	33.0	5.0

二、叶面肥料的相关质量标准有哪些？

目前常用的叶面肥料从剂型上分为粉剂和水剂，从所含成分上分为大量元素、中量元素、多种和单一微量元素、含氨基酸和腐殖酸叶面肥。单一微量元素叶面肥有硼肥和锌肥，硼肥即硼酸和硼砂（硼酸钠），其质量标准参照产品的标准。硼酸为白色粉末状结晶，合格品含量为99.0%，水不溶物含量为0.06%。硼砂为白色细小结晶体，一等品含量为95.0%，水不溶物含量为0.04%。锌肥即农用硫酸锌（一水硫酸锌和七水硫酸锌），颜色均为白色或微带颜色的结晶。农用一水硫酸锌的质量标准为35.0%，农用七水硫酸锌的质量标准为21.8%。

三、怎样识别真假肥料？

（一）看包装

凡正规厂家生产的合格化肥，其包装袋上一般都用汉字注明产品名称、养分及其含量、净重、厂名、产地、生产标准和生产许可证。包装袋内应附有产品质量保证书和检验合格证书等，如果上述主要标志没有或不完整，就要引起注意。假劣化肥包装或粗糙或仿制进口包装，标志不全或字迹模糊不清，有时故意不用汉字用拼音，以冒充进口化肥。有的将不是氮、磷、钾成分的元素也以总养分的形式标注，以低含量冒充高含量复合肥。

（二）看来源

不要购买来路不明的化肥，应到正规合法的供销社下属农资部门去购买，这样即使买到不合格化肥也有理赔的保障。尽可能买正规生产厂家的产品，仔细察看诸如生产标准、生产许可证、农业使用登记证等相关证件，对产地不明的要心存戒心。

（三）看价格

俗话说："便宜无好货"。假劣化肥的价格一般明显低于市场上同类优质化肥的价格。但也有例外，有的不法经销商故意将正规的化肥价格压得很低甚至于亏损，却拼命推销高价劣质化肥以牟取暴利。

（四）看品种

假劣化肥一般以复合肥、叶面肥为主，在购买这类化肥时，要格外留心，如市面上有的磷酸二氢钾，表面上看与正规的没什么差别，但仔细看却会发现它是磷酸二氢钾的混配剂，所含的磷酸二氢钾很低，根本不能满足叶面喷施补充磷、钾的要求。碳酸氢铵价格低，很少出现假货，主要存在含水量超标或分量不足的问题。

（五）看外观

不同的化学肥料往往具有不同的外观性状，如碳酸氢铵为白色粉末状结晶，具有强烈的氨臭味；尿素为白色或淡黄色小圆珠状结晶；硫铵、氯化铵均为白色或淡黄色结晶；过磷酸钙为灰白色或深灰色或灰褐色粉末，有酸气味；钙镁磷肥为灰白色或灰褐色粉末，无异味；硫酸钾为白色粉末结晶体，无异味；氯化钾为白色或淡红色结晶，无异味；含有铵态氮的复合肥，放在手心里加少量草木灰或小苏打，用力搓时有明显的氨臭味。如果遇到的化肥与其特点明显不符，就可能是假劣化肥。用以上方法可基本识别假化肥和不同的化肥品种，但对可疑的化肥是否属于假冒伪劣，必须送有关法定检验部门进行鉴定才能认定。

四、怎样简易识别叶面肥？

一看包装和说明书。正规的符合国家质量要求的叶面肥品种应标明：

产品名称、生产企业名称和地址、肥料的农用登记证号、产品标准号、有效成分名称和含量、生产日期、产品适用作物、适用区域、使用方法和注意事项。

二看溶解情况。可把一袋叶面肥和1千克左右水混合，观察其溶解情况。若叶面肥全部溶解，没有沉淀，说明该产品质量好，有效养分高，养分易于被作物吸收。若叶面肥不能完全溶解，水下有沉淀，说明该产品质量不过关，在喷施时易堵塞喷雾器喷头，作物对养分的利用率不高。

三看剂型和干燥度。目前市场上有固体和液体叶面肥两种类型，一般固体叶面肥优于液体叶面肥。固体叶面肥又分颗粒状和粉状两种，颗粒状的叶面肥要优于粉状的。因为颗粒状叶面肥经过特殊工艺加工而成，具有施用方便、干燥程度高以及易于保存等优点。

五、如何选购叶面肥？

叶面肥是供植物叶部吸收的肥料，其使用方法以叶面喷施为主，有的也可以用来浸种、灌根。选购和使用叶面肥应注意以下几个方面。

1）选购叶面肥时要因土、因作物而异，叶面肥中的不同成分有着不同的功效，虽然说明书上都写着具有增产作用，但其成分不同，使用后的效果不同，达到增产目的的方式也不同。

2）购买叶面肥时首先要看有没有农业农村部颁发的登记证号，凡是获得了农业农村部登记证的产品，都经过了严格的田间试验和产品检验，质量有所保障。

六、复混肥料的质量标准有哪些？怎样简易识别？

（1）质量标准

①组成产品的单一养分含量不得低于4.0%，且单一养分测定值与标明值负偏差的绝对值不得大于1.5%。

②以钙镁磷肥等枸溶性磷肥为基础磷肥并在包装容器上注明为"枸溶性磷，可不控制""水溶性磷占有效磷百分率"指标。若为氯、钾二元肥料，也不控制"水溶性磷占有效磷百分率"指标。

③如产品氯离子含量大于3.0%，并在包装容器上标明"含氮"，可不检验该项目；包装容器未标明"含氯"时，必须检验氯离子含量。

（2）简易识别

①复混肥料的总养分含量必须是氮、磷和钾含量之和，其他元素的含量不能计入总养分含量，否则会误导农民消费。

②氮、磷、钾三元或二元复混肥料的总养分含量不得低于25%，否则为不合格产品。

③复混肥料因原料和制作工艺不同有黑灰色、灰色、乳白色、粉红色和淡黄色等多种颜色，其外观为小球形，表面光滑，颗粒均匀，无明显的粉料和机械杂质。如果容易结块，则水分含量过高。

④复混肥料一般不能完全溶于水，但放入水中，颗粒会逐渐散开变成糊状。肥料颗粒的溶散速率部分地反映出养分的释放速率。优质肥料的溶散速率为慢慢溶散，它能保持养分的平衡与均匀供应，达到延长肥效的目的。如果肥料颗粒放入水中长时间不溶散，其肥料质量存在一定问题。

七、如何购买复混肥料？

复混肥料在所有的化肥品种中，使用比较普遍，市场占有率高，同时种类较多，易于掺假，购买时应注意几点。

①看包装，应用编织袋内衬聚乙烯薄膜袋。

②认标识，外包装应标明生产企业名称、地址、产品名称、产品净含量、总养分含量以及分别标明氮、磷、钾含量、肥料登记证号、生产许可证号。

八、购买肥料的注意事项有哪些？

（1）注意包装标识　肥料的包装袋上应印刷有下列标志：产品名称、商标、养分含量或产品等级、产品的标准号生产许可证号（如该产品无生产许可证可不印刷）、厂名、厂址、登记证号（如该产品无须登记可不印刷）。

（2）保留购肥凭证　发票或小票是确立购买与经销关系的凭证，也是发生纠纷时投诉的重要依据。因此购买肥料后，不要忘记向经销单位索要发票或小票。票中应详细注明所购肥料的名称、数量、等级或含量、价格等内容。

（3）保留样品　样品是所购肥料的实样，也是重要的物证之一。如果所购买的肥料数量在1 000千克以上，有必要保留一整袋肥料作为样品。样品应储存在通风干燥阴凉的地方，避免样品潮湿及直接接受阳光照射而分解。

（4）投诉　如果使用肥料后，作物发生了死苗或出现不正常生长的现象，要及时投诉，以利于问题及时得到解决。目前可以接受投诉的单位：质量技术监督部门、工商行政管理部门、农业行政管理部门和消费者协会。可以接受诉讼的单位是法院。可以接受肥料检验的单位是经过认证（认可）的肥料质量（监督）检验部门。

九、怎样合理保管肥料？

保管肥料应做到"六防"。

1）防止混放。化肥混放在一起，容易使理化性状变差。如过磷酸钙遇到硝酸铵会增加吸湿性，造成施用不便。

2）防标志名不副实。有的农户使用复混肥袋装尿素，有的用尿素袋装复混肥或硫酸铵，还有的用进口复合肥袋装专用肥，这样在使用过程中很容易出现差错。

3）防破袋包装。如硝态氮肥吸湿性强，吸水后会化为浆状物，甚至呈液体，应密封贮存，一般用缸等陶瓷容器存放，严密加盖。

4）防火。特别是硝酸铵、硝酸钾等硝态氮肥，遇高温（200℃）会分解出氧，遇明火就会发生燃烧或爆炸。

5）防腐蚀。过磷酸钙中含有游离酸，碳酸氢铵则呈碱性，这类化肥不要与金属容器或磅秤等接触，以免受到腐蚀。

6）防肥料与种子、食物混存。特别是挥发性强的碳酸氢铵、氨水与种子混放会影响种子发芽，应予以充分注意。

附录一 运城市2021年农业生产主推品种

一、农作物

（一）玉米

1. 瑞普908：2019年山西省引种（晋引种〔2019〕第1号），丰产性好，适应性广，适宜运城市复播玉米区种植。

2. 瑞普909：2018年山西省审定（晋审玉20180082），丰产性好，适应性广，适宜运城市复播玉米区种植。

3. 裕丰303：2015年国家审定（国审玉2015010），丰产性好，适应性广，适宜运城市复播玉米区种植。

4. 延科338：2019年山西省引种（晋引种〔2019〕第1号），丰产性好，适应性广，适宜运城市复播玉米区种植。

5. 大丰30：2017年山西省引种（晋引种〔2017〕第2号），丰产性好，适应性广（矮花叶病高发区慎用），适宜运城市复播玉米区种植。

6. 联创825：2017年国家审定（国审玉20176062），丰产性好，适应性广，适宜运城市推广种植。

7. 浚单29：2017年国家审定（国审玉20176062），丰产性好，适应性广，适宜运城市推广种植。

8. 迪卡653：2018年山西省引种（晋引种〔2018〕第1号），丰产性好，适应性广，黄淮海夏玉米类型，适宜运城市推广种植。

9. 瑞丰168：2019年山西省审定（晋审玉20190059），丰产性好，适应性广，适宜运城市推广种植。

10. 联创839：2020年国家审定（国审玉20206202），丰产性好，适应性广，黄淮海夏玉米类型，适宜运城市推广种植。

（二）小麦

水地品种

11. 济麦22：2006年国家审定（国审麦2006018），丰产稳产性品种，适宜运城市水地种植。

12. 济麦23：2017年山西省引种（晋引种〔2017〕第3号），丰产稳产性品种，适宜运城市盆地灌区水地种植。

13. 烟农999：2018年山西省引种（晋引种〔2018〕第3号），优质中筋品种，丰产性好，适宜运城市盆地灌区水地种植（黄淮冬麦北片水地）。

14. 石4366：2018年山西省引种（晋引种〔2018〕第3号），优质强筋品种，丰产性好，适宜运城市盆地灌区水地种植（黄淮冬麦北片水地）。

15. 石农086：2017年山西省审定（晋审麦20170001），优质中筋品种，丰产性好，适宜运城市水地种植。

16. 品育8012：2018年山西省审定（晋审麦20180001），优质中筋品种，丰产性好，适宜运城市水地种植。

17. 冀麦325：2016年国家审定（国审麦2016023），优质中筋品种，丰产性好，适宜运城市水肥地块种植。

18. 邯麦19：2018年国家审定（国审麦20180049）优质中筋品种，丰产性好，适宜运城市水肥地块种植。

19. 山农22号：2011年国家审定（国审麦2011013），丰产性好，适宜运城市高中水肥地块种植。

20. 乐土808：2019年山西省引种（晋引种〔2019〕第3号），丰产性好，适宜运城市水地块种植。

21. 云麦766：2019年山西省审定（晋审麦20190004），中筋品种，丰产性好，适宜运城市水地种植。

22. 济麦44：2020年山西省引种（晋引种〔2020〕第3号），丰产性好，适宜山西省南部高中水肥地块种植。

旱地品种

23. 运旱618：2010年国家审定（国审麦2010012），优质强筋品种，丰产性好，适宜运城市旱肥地种植。

24. 山农25号：2018年国家审定（国审麦20180060），丰产性好，适宜运城

附 录 一 运城市 2021 年农业生产主推品种

市旱肥地种植。

25. 运旱20410：2007年山西省审定（晋审麦2007006），中筋品种，丰产性好，适宜运城市旱地块种植。

26. 运旱139-1：2017年山西省审定（晋审麦20170004），中筋品种，丰产性好，适宜运城市旱地种植。

27. 金麦919：2018年山西省审定（晋审麦20180008），优质中筋品种，丰产性好，适宜运城市旱肥地种植。

（三）大豆

28. 运豆101：2019年国家审定（国审豆20190027），黄淮海夏大豆品种，籽粒椭圆，种皮黄色、无光泽，种脐褐色。丰产性好，适宜运城市种植。

29. 中黄39：2010年国家审定（国审豆2010018），黄淮海夏大豆品种，籽粒椭圆，种皮黄色、无光泽，种脐褐色。丰产性好，适宜运城市夏播种植。

30. 汾豆56：2008年国家审定（国审豆2008001），黄淮海夏大豆品种，籽粒椭圆形、黄色、微光、褐色脐。适宜运城市夏播种植。

31. 中黄37：2015年国家审定（国审豆2015007），黄淮海夏大豆品种，籽粒椭圆形，种皮黄色、无光，种脐褐色。适宜运城市夏播种植。

（四）棉花

32. 冀棉169：2010年国家审定（国审棉2010001），铃大，衣分高，丰产性好，抗病性强，适宜运城市棉区种植。

33. 运H13：2018年山西省审定（晋审棉20180002），铃大，衣分高，丰产性好，抗病性强，适宜运城市棉区种植。

34. 中棉所100：2016年国家审定（国审棉2016003），铃大，衣分高，丰产性好，抗病性强，适宜运城市棉区种植。

35. 瑞棉1号：2016年国家审定（国审棉2016004），铃大，衣分高，丰产性好，抗病性强，适宜运城市棉区种植。

二、水果品种

36. 玉露香梨：山西省果树研究所杂交育成的具有山西省特色的优良梨品种，2014年被农业部确定为我国华北地区梨主推品种，适宜在运城市丘陵、边山丘陵区推广。

37. 优系嘎啦：意大利选育的嘎啦芽变品种。2020年引进，该品种生长势强，易成花，早果丰产，管理简单，连续结果能力强。没有大小年现象，丰产性极好。果实内在品质着色、果面光洁度优势明显。适宜在运城市苹果主产区推广。

三、畜禽

（一）猪

38. 晋汾白猪：培育品种，具有产仔多、抗病性强、肉质好、生产力高的特点，适宜作杂交母本和优质猪产业化生产。适宜在运城市饲养推广。

39. 大白猪：引进品种，具有产仔多、生长速度快、饲料利用率高、胴体瘦肉率高、适应性强的特点，适宜作杂交母本。适宜在运城市饲养推广。

40. 长白猪：引进品种，具有生长速度快、饲料利用率高、瘦肉率高的特点，对饲养管理条件要求高，适宜作杂交第一父本。适宜在运城市饲养推广。

41. 杜洛克：引进品种，胴体瘦肉率高、肉质较好、适应性强、生长速度快、饲料利用率高，适宜作终端杂交父本。适宜在运城市饲养推广。

（二）鸡

42. 边鸡：地方品种。肉蛋兼用，体型较大，抗严寒，耐粗饲，蛋肉品质鲜美。适宜规模化饲养及林下、坡地和荒山生态放养。适宜在运城市饲养推广。

43. 爱拔益加：引进肉鸡配套系，原产于美国。体型大，适应性强；生长速度快，饲料转化率高，42日龄体重可达2.6千克，料肉比1.77∶1；胸肌、腿肌率高。适宜规模化饲养，适宜在运城市饲养推广。

44. 肉鸡WOD168配套系：国产培育肉鸡配套系。鸡群性能稳定，42天出栏，成活率99%以上，出栏体重可达1.5千克，料肉比1.7∶1。适宜规模化饲养。

45. 京红1号蛋鸡配套系：国产培育蛋鸡配套系。生产效率高，0~80周龄全程死淘率低于5%，80周龄饲养日产蛋数375枚，产蛋期料蛋比2.0：1。适宜规模化饲养，适宜在运城市饲养推广。

46. 海兰褐蛋鸡：引进蛋鸡配套系，原产于美国。生命力强，适应性广，成活率高，产蛋多，饲料转化率高，80周龄饲养日产蛋数367枚，产蛋期料蛋比（2.1~2.2）：1。适宜规模化饲养，适宜在运城市饲养推广。

47. 罗曼褐蛋鸡：引进蛋鸡配套系，原产于德国。适应性好，抗病力强，成活率高，产蛋量多，饲料转化率高，80周龄饲养日产蛋数360枚，产蛋期料蛋比（2.1~2.2）：1。适宜规模化饲养，适宜在运城市饲养推广。

（三）牛

48. 安格斯牛：引进肉牛品种，原产年英国。黑色无角，体躯矮而结实，全身肌肉丰满，出肉率高，具有良好的肉用性能；适应性强。适宜规模化饲养。

49. 西门塔尔牛：引进选育乳肉兼用品种，原产于瑞士。耐寒，耐粗，抗逆行强；公牛育肥增重快、肉质良好；母牛繁殖率高，犊牛健壮，生长发育快。适宜规模化饲养及小群体放牧饲养。

50. 晋南牛：地方品种。体型高大粗壮，前胸肌肉发达，前躯和中躯发育良好，肉用性能好，饲料利用率高；适应性强，耐粗饲。适宜本品种选育及新品种培育。

51. 荷斯坦奶牛：引进品种，原产于荷兰。体型清秀，骨突明显，角部清瘦，岬狭长，后躯较前躯发达；乳房大而丰满，紧凑不下垂，前伸后展明显。适宜规模化及小群体饲养。

（四）羊

52. 杜泊绵羊：引进肉羊品种，原产于南非。公羊头稍宽，鼻梁微隆；母羊较清秀，鼻梁多正直。产羔率132%~220%。适应性强，适宜作为肉羊改良终端父本。

53. 萨福克绵羊：引进肉羊品种，原产于英国。产羔率130%~165%。适应性强，适宜作为肉羊生产的终端父本。

54. 晋中绵羊：地方品种。耐粗饲，抗逆能力强，生长快，易育肥，肉质鲜嫩。适宜进行规模舍饲及放牧饲养。

55. 湖羊：地方品种。适应性强，生长速度快，耐粗饲、耐湿热；性成熟早，四季发情，繁殖率高，产羔率250%～300%；母羊性格温顺，母性好，便于管理。适宜作为肉羊改良母本品种。

四、水产类

56. 大口黑鲈"优鲈3号"：美国引进选育品种。生长速度快，较原品种提高17.1%，抗病能力强，幼鱼驯食成功率提高10.3%；肉质鲜嫩，市场价格及养殖效益较高。适宜全年无霜期超过200天的区域养殖。

57. 福瑞鲤2号：选育品种。生长速度快，比普通鲤鱼要高22.9%；适应能力强，耐寒、耐碱、耐低氧，成活率平均提高6.5%，适宜在运城市大范围进行集约化养殖。

附录二 运城市 2021 年农业生产主推技术

一、粮油类

（一）旱地小麦一优四改探墒沟播绿色栽培技术

1. 技术概述

该技术通过选用优质专用品种、休闲期适时深翻、磷肥耕种分施、增有机肥减化肥、适期探墒沟播等措施，达到品种提质节水、耕作蓄水保水、培肥养水、氮磷互作高效。累计推广100余万亩，亩平均增产12.2%，年度产量波动减轻15%。实现了旱地小麦抗旱稳产和优质绿色生产。

2. 技术要点

（1）选用优种。选用稳产耐旱节水广适优质强筋、中强筋品种。

（2）适时深耕。改入伏旱深耕为立秋至处暑适时深耕25～30厘米。

（3）分次施磷。改播种一次施磷为耕和种两次各施磷肥50%；改单施化肥为亩增施1 500千克优质有机肥，减施25%～30%氮磷肥。

（4）适期播种。中部麦区适播期改为9月底至10月初，南部麦区适播期改为10月上旬。

（5）探墒沟播。采用专用沟播机播种，一次性完成灭茬、开沟、播种、施肥、覆土、镇压等。

3. 适宜区域

运城市旱地冬小麦产区。

4. 注意事项

有机肥推荐腐熟猪粪，其次为羊粪。沟播机播种应注意播种深度，防止过深。

（二）灌区小麦宽幅条播分蘖施肥节水减肥技术

1. 技术概述

该技术在春季根据分蘖的消长动态调整追肥和灌水时间，解决小麦个体与群体生长矛盾，提高光合作用效率，促进根系、叶片的生长；减少春季无效分蘖的发生，促进分蘖两极分化，节省化肥尤其是氮肥投入。亩可增产12%～25%，提高水分利用效率8%～10%，提高氮肥偏生产力20%～26%、磷肥偏生产力18%～24%，减少氮肥投入12%和磷肥投入10%。

2. 技术要点

1）选用高产稳产、抗逆性好，适宜该生态区域水地种植的小麦品种。中部晚熟冬麦区适宜播期9月25日—10月3日，南部中熟冬麦区适宜播期10月5—15日。

2）选用小麦耧腿式或圆盘式宽幅条播播种机，一次完成深松、旋耕、施肥、播种、镇压等作业。深松深度30～40厘米，播种深度3～5厘米、行距22～25厘米、苗带宽5～8厘米。

3）氮（N）、磷（P_2O_5）和钾（K_2O）肥施用量分别为每公顷260千克、135千克和30千克。在小麦春季分蘖消亡时，进行灌水和追施氮肥（基追比为6∶4）。

3. 适宜区域

运城市水地冬小麦产区。

4. 注意事项

宽幅条播机需要150马力以上牵引，行走速度应小于5千米/小时；确保下种均匀、深浅一致、行距一致、不漏播、不重播。

（三）玉米深松免耕分层施肥精量播种技术

1. 技术概述

该技术采用专业播种机械，一次作业完成土壤深松、分层施肥、精量播种、碎土镇压等多道工序，减少玉米栽培作业次数，提高肥料及水分利用效率，播种后不间苗，不追肥，亩均减少作业费用30元以上，节约肥料费用30元以上，较玉米常规栽培方式增产15%左右，亩增加经济效益250～300元。

2. 技术要点

1）选用适宜当地种植的优良品种，种子发芽率≥95%。

2）采用玉米深松免耕分层施肥精量播种机进行播种。深松深度≥25厘米，打破犁底层；使用长效缓释复合肥，肥料分层施于地下10~25厘米处，形成长条形肥带，施肥量40千克/亩；实行单粒精量播种，行距60厘米，密度4 500株/亩左右，播种深度3~5厘米；播种后轮碎土镇压。

3）玉米3~5叶期喷施除草剂防除杂草。

4）播种后及时浇水，灌浆前不浇水，灌浆期浇水一次。

5）及时防治病虫害。

3. 适宜区域

运城市复播玉米生产区。

4. 注意事项

1）前茬小麦麦茬高度应低于15厘米，秸秆切碎长度小于10厘米，均匀撒于地表。

2）播种时如水分充足，播种后可不浇水。

（四）旱作谷子全程机械化栽培技术

1. 技术概述

该技术从整地、播种、病虫草害防控到收获均实现机械化作业，加快谷子种植产业转型升级。每亩节省用工4~6个，较传统谷子生产增产40~70千克，节本增收200~300元。

2. 技术要点

1）采取耕翻旋耕、增施有机肥等方式，精细整地，提升耕地质量。

2）平衡施肥。每亩施用复合肥50千克，同时增施有机肥1~2米^3。

3）精量播种。根据当地生态条件，选择覆膜穴播、露地沟播等精量播种方式。常规谷子旱地亩留苗20 000~25 000株，杂交谷子旱地亩留苗约10 000株。

4）机械化中耕除草。

5）病虫害绿色防控。

6）机械收获。面积较小、坡度较大的地块，采用机械割晒+脱粒两步法收获。较大的地块采用谷子联合收割机收获。

7）选用秸秆打捆机械将秸秆打捆回收。

3. 适宜区域

运城市谷子主产区推广应用。

4. 注意事项

根据当地的气候条件选择合适的高产优质品种和作业方式。

（五）酿造专用高粱全程机械化栽培技术

1. 技术概述

该技术从整地、播种、草害防控到籽粒收获均实现机械化作业。亩用工减少5~6个，亩节本增效200元以上。

2. 技术要点

（1）整地　播种前进行旋耕，耕深15厘米左右。

（2）精量播种　使用精量播种机播种，1~2粒/穴，行距50厘米，株距16~19厘米，亩留苗7 000~8 000株。

（3）防控杂草　播后苗前，采用土壤封闭剂50%异甲·莠去津200~250毫升/亩，兑水30升/亩进行土壤喷雾。高粱出苗后3~5叶期，采用茎叶处理剂37%二氯·莠去津200克/亩进行喷雾。

（4）机械中耕追肥　拔节期亩追施尿素10~15千克。

（5）虫害防控　在蚜虫和螟虫发生期，于喇叭口期间隔4天分别喷施吡虫啉、啶虫脒、高效氟氯氢菊酯等进行防控。

（6）籽粒联合收获　蜡熟末期，籽粒含水量小于20%时收获。

3. 适宜区域

运城市高粱种植区。

4. 注意事项

严禁在高粱田喷施玉米田除草剂。

（六）油菜机播机收综合高产栽培技术

1. 技术概述

该技术包括机械播种和机械收获两个主要环节，同时做好合理密植、平衡施肥、化学除草、熟期调控、实时收获等技术。该技术有利于加快油菜规模化种植和高质量发展。

附录二　运城市2021年农业生产主推技术

2. 技术要点

选择专用的油菜播种和收获机械；选择肥力较好的地块，整地保墒；选择适宜当地气候的高产、高油酸、高抗逆、适宜机收的双低优良油菜品种；运城市一般9月下旬至10月上旬播种，亩播0.4～0.6千克，播种深度2～3厘米为宜，行距25～30厘米，亩留苗8 000～10 000株；施足底肥、重施薹肥，中耕除草，病虫草害防治以农业防治、除草剂、药剂拌种、杀虫灯等为主；角果2/3以上泛黄时采用联合收割机或小型油菜收获机收获贮藏。

3. 适宜区域

运城市冬油菜生产地区。

4. 注意事项

选用抗寒性过关的品种。

二、蔬菜类

（一）日晒覆膜防治韭蛆技术

1. 技术概述

该技术主要解决韭菜韭蛆防治中，化学农药用量过多、成本高、效果不理想、容易产生耐药性，韭菜的质量品质得不到保证的问题。生产实践中操作简单、见效快、防虫成本低、省工省时、绿色环保，是一项经济实用的根部害虫防治新技术，也是害虫无害化防控的有效办法。

2. 技术要点

1）覆膜前1天割除韭菜，韭菜茬不宜过长，尽量与地面持平。

2）4月底至9月中旬，选择太阳照射强烈的天气（当天最大光照强度超过55 000勒克斯），用厚度为0.10～0.12毫米的浅蓝色无滴膜覆盖田块。

3）待膜内土壤5厘米深处温度持续40℃以上且超过3小时后揭开无滴膜。

4）揭膜后，待土壤温度降低后及时浇水缓苗，配施生物菌肥和生物有机肥。

3. 适宜区域

适宜在运城市韭菜生产区推广。

4. 注意事项

1）覆膜后四周用土壤压盖严实，确保韭蛆全部杀死。

2）增施生物菌肥和有机肥。

（二）香菇反季节栽培技术

1. 技术概述

香菇生产对温度控制要求高，栽培季节主要在春秋两季。该技术充分利用运城市冷凉气候资源，可实现周年生产。

2. 技术要点

1）利用高寒地区夏季气候冷凉、昼夜温差大资源气候优势，对食用菌菌棒生产工艺、转色调控和出菇大棚构造进行改良。

2）筛选出适合高寒地区反季节生产的优良品种（如香菇939、香菇212等）。采用野生柠条对生产配方进行优化，生产出适合高寒地区夏季食用菌高效栽培新配方。

3）上年12月底以前完成菌棒的生产，并进行发菌，温度20℃左右，空气湿度低于70%；出菇时间集中在5—9月，外界气温高，需具备双层拱形棚等出菇场地，并配套必要的降温设施，出菇温度控制在8～26℃，空间相对湿度维持在85%；菌膜尚未破裂时及时采收，及时打冷，每个出菇基地必须配备冷库，分级销售。

3. 适宜区域

运城市夏、秋季冷凉、昼夜温差大的地区。

4. 注意事项

1）冬季制棒需要注意加温发菌。

2）出菇时外界气温高，需配套必要的降温措施，部分区域还需要越夏才能出菇，防止烧菌。

（三）种绳直播技术

1. 技术概述

种绳直播技术是精量播种的一种，应用该技术不仅可提高蔬菜播种质量，节约蔬菜种子，而且操作简单，可节约65%以上人工成本，达到苗齐、苗全、苗壮。

2. 技术要点

土地深翻细耙后，由种绳播种机一次性完成起垄、垄面成形、垄面开沟、种绳直播、滴灌带的铺设和覆土等工序。

3. 适宜区域

适用于运城市大部分蔬菜的机械化精量播种。

4. 注意事项

选择面积较大、相对平整的地块种植。

（四）设施蔬菜农艺农机一体化技术

1. 技术概述

该技术集成设施园艺专用技术装备，替代传统人工作业，解决劳动力老龄化和劳动强度问题，实现设施园艺降低用工成本、提高水肥利用率、减少农药使用量、提质增产增效等。

2. 技术要点

1）宜机化的园艺设施：温室大棚跨度不小于12米。

2）工厂化穴盘育苗技术。

3）整地起垄覆膜一体化技术。

4）叶菜精量播种技术。

5）半自动化移栽技术。

6）水肥一体化技术。

7）环境自动控制技术。

8）二氧化碳施肥技术。

9）轻简化采运装备。

3. 适宜区域

运城市设施蔬菜生产区。

4. 注意事项

适度规模的日光温室和塑料大棚。

三、水果类

（一）苹果矮砧集约栽培技术

1. 技术概述

矮砧集约栽培是今后苹果产业种植发展的一个主流方向，尤其是在当前劳动力价格不断大幅上升的前提下，更利于减少生产成本，提高经济效益。

2. 技术要点

（1）品种选择与栽植　根据市场需求和当地自然条件，选择抗逆性强、优质、丰产、商品性好的优良品种；栽前平整土地、挖定植沟（穴）、苗木分级、修剪根系。栽植时期以春季为主。

（2）土肥水管理　果园采用人工（自然）生草或种植绿肥；树盘或全园覆草或覆盖地布。在8月下旬至9月上中旬，以农家肥、有机生物菌肥为主施入基肥；提倡节水灌溉。

（3）整形修剪　采用高纺锤形树形。树高3米左右；主干高70厘米；均匀分布20～25个结果枝组。第一年扶壮中干；第二年促控侧生；第三年控长促花。

（4）花果管理　适期进行疏蕾、授粉、疏果、套袋、脱袋、摘叶、转果、铺反光膜、果实贴字、采收等方法提高果实品质。

3. 适宜区域

运城市肥水条件好的苹果适生区。

（二）晋南桃树抗逆保果定果技术

1. 技术概述

该技术针对晋南桃子产区花期易出现低温、霜冻、阴雨、寡照、高温、大风等异常天气状况及花期人工极度缺乏等现状，运用植物生长调节剂和微肥进行合理组配与调控，可明显促进桃花受粉，提高桃树坐果率，促使果型圆润，降低畸形果率，提高桃子的商品性。同时坐果均匀，减少了人工疏花疏果投入，省工省力，增加桃农的经济效益。

2. 技术要点

通过喷施植物生长调节剂及微肥，对桃花进行营养调控与补充，促使营养在局部范围内迅速向较强的花朵流动转移，同时促进受粉，进而使强花坐果，部分较弱的花因失去养分而萎蔫，达到保强疏弱的效果。

3. 适宜区域

该技术适宜运城地区的盐湖区、永济市、万荣县、临猗县、芮城县、平陆县等13个县市桃树种植地区。

4. 注意事项

弱树忌用。由于弱树营养不良，在果子膨大期树体营养缺乏，易导致落果现象发生。

（三）郁闭果园提质增效栽培技术

1. 技术概述

该技术针对目前苹果生产上果园郁闭，通风透光差，树体老化，品质下降等问题，提出果园间伐降密以提升果实品质的高效栽培技术。

2. 技术要点

（1）间伐方式　郁闭果园依据其栽植方式进行隔株或隔行间伐。

（2）间伐植株处理　采取不挖根间伐，用油锯在地表下20厘米处锯断根系，用塑料膜将残留根系包被覆盖，再用土掩埋。

（3）间伐后修剪　间伐后采用开心形树形，缓势修剪，抬高主枝延长头，疏除大枝内基部40～50厘米老弱枝，逐步培养下垂式结果枝组。

（4）间伐后配套管理　果园生草，增施有机肥，果实采用"膜+纸"双套袋，病虫害综合防控。

3. 适宜区域

运城市海拔在500米以上的苹果适生区。

（四）果树病虫害全程绿色防控技术

1. 技术概述

该技术是为解决目前果树生产管理中，化学农药用量过多，果品质量得不到保证的问题，通过引进先进技术和产品，试验示范和探索创新，形成了一套完整的果树病虫害全程绿色防控技术模式和推广应用工作机制。可减少化学农药使用30%以上，亩防治成本降低10%以上，天敌种群数量明显增多，为促进果业可持续发展提供了技术支撑。

2. 技术要点

（1）健身栽培　根据果树不同生育期的需求合理水肥管理，合理负载，提高树体抗性。具体需做到秋季增施有机肥，春夏季合理追肥；根据降水和土壤墒情，适时排灌；根据树势合理疏花疏果。

（2）生态调控　在果树行间种植白三叶、扁茎黄芪、紫花苜蓿、繁缕等草种，适时刈割覆盖于树盘，以培肥地力、改善果园生态条件。果实采收后，及时落实"剪、刮、涂、清、翻"技术，减少果园虫菌源基数。

（3）免疫诱抗　在开花前、幼果期和果实膨大期，选用氨基寡糖素、植物免疫激活蛋白等免疫诱导剂，按推荐用量，叶面喷施一次，达到预防倒春寒、保花保果、促进生长的作用。

（4）理化诱控　利用害虫的趋性，田间设置杀虫灯、性诱剂、食诱剂、粘虫板、诱虫带等诱捕装置诱杀害虫。

（5）天敌保护利用　果园释放胡瓜钝绥螨等捕食螨和瓢虫、赤眼蜂等天敌进行生物防治。

（6）科学用药　选用生物制剂和高效低毒化学药剂防治病虫害。如选用石硫合剂、波尔多液、苦参碱、印楝素、藜芦碱、灭幼脲、枯草芽孢杆菌、地衣芽孢杆菌、多抗霉素等矿物源和生物源农药防治病虫害。在病虫害发生较重时选用高效低毒低残留农药进行适当防控。

3. 适宜区域
运城市果树主产区。

4. 注意事项
在病虫害发生较重时选用高效低毒低残留农药进行适当防控，并注意轮换用药，严格执行农药安全间隔期。

四、养殖类

（一）长荣父母代能繁母猪标准化养殖集成技术

1. 技术概述
该模式将猪场设计、建设、设备选择、安装、种猪饲养、饲料、生产工艺、农场SOP（标准作业程序）管理、疫病防控、废弃物处理等方面的技术进行了集成整合，解决了养猪生产中优质种猪引进、繁育、仔猪管理、粪尿处理、疫病控制、畜产品安全、环境保护等问题，能提高中小养殖户父母代能繁母猪养殖水平，促进了中小养猪企业与现代农业之间建立有机衔接机制。

2. 技术要点
（1）生产效率大幅提高　采用该模式技术饲养的父母代能繁母猪可提

供保育三元仔猪26头以上，育肥猪25头以上，部分饲养场每头能繁母猪提供保育三元仔猪达30头以上，接近世界先进水平，比运城市同期每头平均提供15～16头育肥猪的能繁母猪多提供10头以上，提高了62.5%。

（2）节约土地资源　传统模式饲养120头母猪需要7～10亩土地，该模式只需1.6亩。

（3）节省劳动力　传统饲养120头母猪需要5人，该模式只需1.5人。

（4）生产工艺先进　采用同期发情、人工授精、批次化配种，做到工厂化生产。

（5）精液统一配送　有利于优秀种公猪遗传作用发挥，节约饲养公猪成本。

（6）全进全出　有利于疫病防控。

（7）饲喂科学营养　统一配送不同营养需要的饲料。

（8）生物防控简便有效　统一标准化生物防控措施，统一配送疫苗、消毒药品。

3. 适宜区域

适宜运城市粮菜区、果林区发展种养结合。

4. 注意事项

推广使用该技术前要注意同当地畜牧技术推广部门联系沟通，和龙头企业联系合作。

（二）猪粪水还田"丰淋模式"

1. 技术概述

将猪粪尿全部收集起来，通过发酵进行无害化处理后，贮存起来，加水稀释后通过地埋管道或输送车辆全部还田。

2. 技术要点

"丰淋模式"主要分为尿泡粪和水冲式两种方式。

（1）尿泡粪　猪粪尿直接通过漏缝地板进入粪坑（深1.2～1.5米，首次使用坑中提前加入水或发酵菌剂），粪水在粪坑中的存放一个批次的猪粪尿约3～4个月，利用虹吸效应通过管道排入舍外收集池，需要补铁可加入硫酸亚铁，进一步发酵腐熟后作为有机肥随时还田。还田方式为管道输送，辐射距离最远可达5千米。

（2）水冲式　粪尿及冲刷用水直接通过猪栏下的暗管流入舍外收集池，收集池满后，加入发酵菌剂，用加压泵泵入发酵池，需要补铁可加入硫酸亚铁，发酵腐熟后，通过输送管道还田利用。

3.适宜区域

运城市各种果树地、大田作物及蔬菜等地适宜。

4.注意事项

猪粪全量还田模式目前引入第三方管理机制进行推广应用。猪场将粪肥经营权以"1元合同"的形式销售给第三方专人负责。具体实施也根据当地实际情况灵活开展。

五、渔业类

（一）大棚鱼菜综合种养技术

1.技术概述

该技术基于蔬菜种植大棚，通过建设循环水养殖系统，其余区域进行土基或营养基质种植设计，养殖鱼池使用镀锌钢板帆布鱼池，采用集约化养殖、水体物理过滤、生物过滤和紫外线杀菌等工艺，实现循环水养殖，利用养殖发酵尾水对种植区域进行灌溉，以达到"一水两用""一棚双收"来提高资源利用率和经济效益的目标。

2.技术要点

1）科学建设鱼菜综合种养系统。

2）按照养殖规模合理确定生物池处理规模。

3）养殖品种按照季节进行选择。

4）系统运行水量的平衡循环。

3.适用区域

运城市大棚鱼菜种养区域。

4.注意事项

鱼菜综合种养净化设施应根据养殖池的养殖量合理确定，以实现养殖水体的循环利用。

（二）湖库大水面生态渔业

1. 技术概述

该技术是在对湖泊、水库等大型水域进行渔业资源定量分析的基础上，测算增殖容量，精准确定特定水域渔业增殖方式，在科学利用水域资源发展渔业生产的同时，发挥渔业的生态功能，促进和保持水域环境健康，从而实现水域环境的合理开发、有效保护和湖库渔业生产的绿色、可持续发展。

2. 技术要点

1）水生生物种类、数量的核定。

2）水域渔业增值容量的核定。

3）鱼类放养种类和数量的核定。

3. 适用区域

山西省宜渔大型水域。

4. 注意事项

"一水一策"，科学核定增殖容量。